大数据技术丛书

王晓华 罗凯靖 编著

Spark 3.0 大数据分析与挖掘

基于机器学习

清華大学出版社
北京

内 容 简 介

Spark 作为新兴的、应用范围广泛的大数据处理开源框架，吸引了大量的大数据分析与挖掘从业人员进行相关内容的学习与开发，其中 ML 是 Spark 3.0 机器学习框架使用的核心。本书用于 Spark 3.0 ML 大数据分析与挖掘入门，配套示例源码、PPT 课件、数据集、思维导图、开发环境和作者答疑服务。

本书共分 13 章，从 Spark 3.0 大数据分析概述、基础安装和配置开始，依次介绍 ML 的 DataFrame、ML 的基本概念，以及协同过滤、线性回归、分类、决策树与随机森林、聚类、关联规则、数据降维、特征提取和转换等数据处理方法；最后通过经典的鸢尾花分析实例，回顾前面的学习内容，实现了一个完整的数据分析与挖掘过程。

本书采取实例和理论相结合的方式，讲解细致直观，示例丰富，适合 Spark 3.0 机器学习初学者、大数据分析和挖掘人员，也适合高等院校和培训机构人工智能与大数据相关专业的师生教学参考。

图书在版编目（CIP）数据

Spark 3.0 大数据分析与挖掘：基于机器学习/王晓华，罗凯靖编著. –北京：清华大学出版社，2022.2
（2024.1重印）
（大数据技术丛书）
ISBN 978-7-302-59899-2

Ⅰ. ①S… Ⅱ. ①王… ②罗… Ⅲ. ①数据处理软件 Ⅳ. ①TP274

中国版本图书馆 CIP 数据核字（2022）第 010634 号

责任编辑：夏毓彦
封面设计：王　翔
责任校对：闫秀华
责任印制：曹婉颖

出版发行：清华大学出版社
网　　址：https://www.tup.com.cn，https://www.wqxuetang.com
地　　址：北京清华大学学研大厦 A 座　　**邮　　编：**100084
社 总 机：010-83470000　　**邮　　购：**010-62786544
投稿与读者服务：010-62776969，c-service@tup.tsinghua.edu.cn
质量反馈：010-62772015，zhiliang@tup.tsinghua.edu.cn

印 装 者：北京同文印刷有限责任公司
经　　销：全国新华书店
开　　本：190mm×260mm　　**印　　张：**14　　**字　　数：**381 千字
版　　次：2022 年 3 月第 1 版　　**印　　次：**2024 年 1 月第 3 次印刷
定　　价：59.00 元

产品编号：084295-01

前 言

Spark 在英文中是火花的意思，创作者希望能够像火花一样照亮大数据时代的数据挖掘。大数据时代是一个充满机会和挑战的时代，就像一座未经开发的金山，任何人都有资格去获得其中的宝藏，仅仅需要的就是有一把得心应手的工具——ML。

本书目的

本书的主要目的是介绍如何使用 ML 进行数据挖掘。ML 是 Spark 3.0 中最核心的部分之一，是 Spark 3.0 机器学习库。经过无数创造者卓越的工作，ML 已经成为一个优雅的、可以运行在分布式集群上的数据挖掘工具。

ML 充分利用了现有数据挖掘的技术与手段，将隐藏在数据中不为人知但又包含价值的信息提取出来，并通过相应的计算机程序，无须人工干预，自动在系统中进行计算，以发现其中的规律。

通常，数据挖掘的难点和重点在于两个方面，分别是算法的学习和程序的设计。有的还需要读者有些相应的背景知识，例如统计学、人工智能、网络技术等。本书在写作上以工程实践为主，重点介绍其与数据挖掘密切相关的算法与概念，并且使用浅显易懂的语言将其中涉及的算法进行概括性描述，从而帮助读者更好地了解和掌握数据挖掘的原理。

笔者在写作本书的时候有一个基本原则——这本书应该体现工程实践与理论之间的平衡。数据挖掘的目的是为了解决现实中的问题，并提供一个结果，而不是去讨论比较哪个算法更高深、看起来更能吓唬人。本书对算法的基本理论和算法做了描述，如果有读者觉得有点难，可以找相应的教材深入学习一下，相信大多数读者都能理解相关的内容。

本书内容

本书主要介绍 Spark 3.0 的 ML 数据挖掘算法，内容分成三部分：第一部分（第 1~4 章）是 ML、DataFrame 的基本概念和用法，以及管道技术和一些数据挖掘的基本数理统计知识；第二部分（第 5~12 章）是 ML 算法的应用，包括协同过滤、线性回归、分类、决策树与随机森林、聚类、关联规则、数据降维、特征提取和转换等；第三部分（第 13 章）通过一个经典的鸢尾花分析实例，向读者演示如何使用 ML 来进行数据挖掘工作。

本书特点

- 本书尽量避免纯粹的理论知识介绍和高深技术研讨，完全从应用实践出发，用最简单、典型的示例引申出核心知识，最后指出通往“高精尖”进一步深入学习的道路。
- 本书全面介绍 ML 涉及的数据挖掘的基本结构和上层程序设计，借此能够系统地看到 ML 的全貌，使读者在学习过程中不至于迷失方向。
- 本书在写作上浅显易懂，没有深奥的数学知识，采用较为简洁的形式描述应用的理论知识，让读者轻松愉悦地掌握相关内容。
- 本书旨在引导读者进行更多技术上的创新，每章都会用示例描述的形式帮助读者更好地学习内容。
- 本书代码遵循重构原理，避免代码污染，引导读者写出优秀、简洁、可维护的代码。
- 本书所有数据格式均为 DataFrame 类型，并且使用管道技术执行机器学习算法。

源码、PPT 课件、思维导图、数据集与开发环境下载

本书配套源码、PPT 课件、思维导图、数据集与开发环境，需要使用微信扫描右侧二维码下载，可按提示把链接转发到自己的邮箱中下载。如果有疑问，请发邮件至 booksaga@163.com，邮件主题为“Spark 3.0 大数据分析与挖掘：基于机器学习”。

本书读者

- Spark 大数据分析与挖掘初学者
- 机器学习相关从业人员
- Spark 3.0 机器学习初学者
- 高等院校和培训机构数据分析和挖掘专业的师生

作者与鸣谢

本书基础内容由王晓华创作，Spark 3.0 版本的更新和测试工作由罗凯靖完成。感谢本书出版过程中的所有参与人员。

作　者

2021 年 10 月

目 录

第 1 章

Spark 大数据分析概述

当我们每天面对扑面而来的海量数据时，是战斗还是退却，是去挖掘其中蕴含的无限资源，还是让它们自生自灭？我们的答案是："一切都取决于你自己"。对于海量而庞大的数据来说，在不同人眼里，既可以是一座亟待销毁的垃圾场，也可以是一个埋藏有无限珍宝的金银岛，这一切都取决于操控者的眼界与能力。本书的目的就是希望所有的大数据技术人员都有这种挖掘金矿的能力！

本章主要知识点：

- 什么是大数据？
- 数据要怎么分析？
- Spark 3.0 核心——ML 能帮我们做些什么？

1.1 大数据时代

什么是"大数据"？一篇名为"互联网上一天"的文章告诉我们：

一天之中，互联网上产生的全部内容可以刻满 1.68 亿张 DVD，发出的邮件有 2940 亿封之多（相当于美国两年的纸质信件数量），发出的社区帖子达 200 万个（相当于《时代》杂志 770 年的文字量），卖出的手机数量为 37.8 万台，比全球每天出生的婴儿数量高出 37.1 万。

正如人们常说的一句话："冰山只露出它的一角"。大数据也是如此，"人们看到的只是其露出水面的那一部分，而更多的则是隐藏在水面下"。随着时代的飞速发展，信息传播的速度越来越快，手段也日益繁多，数据的种类和格式趋于复杂和丰富，并且在存储上已经突破了传统的结构化存储形式，向着非结构存储飞速发展。

大数据科学家 JohnRauser 提到一个简单的定义："大数据就是任何超过了一台计算机处理

能力的庞大数据量”。亚马逊网络服务（AWS）研发小组对大数据的定义：“大数据是最大的宣传技术，也是最时髦的技术，当这种现象出现时，定义就变得很混乱。”Kelly 说：“大数据可能不包含所有的信息，但是我觉得大部分是正确的。对大数据的一部分认知在于它是如此之大，分析它需要多个工作负载，这是 AWS 的定义。当你的技术达到极限时也就是数据的极限”。

飞速产生的数据构建了大数据，海量数据的时代称为大数据时代。但是，简单地认为那些掌握了海量存储数据资料的人是大数据强者显然是不对的。真正的强者是那些能够挖掘出隐藏在海量数据背后获取其中所包含的巨量数据信息与内容的人，是那些掌握专门技能懂得怎样对数据进行有目的、有方向处理的人。只有那些人，才能够挖掘出真正隐藏的宝库，拾取金山中的珍宝，从而实现数据的增值，让大数据“为我所用”。

1.2 大数据分析的要素

可以说，大数据时代最重要的技能是掌握对大数据的分析能力。只有通过对大数据的分析，提炼出其中所包含的有价值的内容才能够真正做到“为我所用”。换言之，如果把大数据比作一块沃土，那么只有强化对土地的“耕耘”能力才能通过“加工”实现数据的“增值”。

一般来说，大数据分析涉及 5 个要素，如图 1-1 所示。

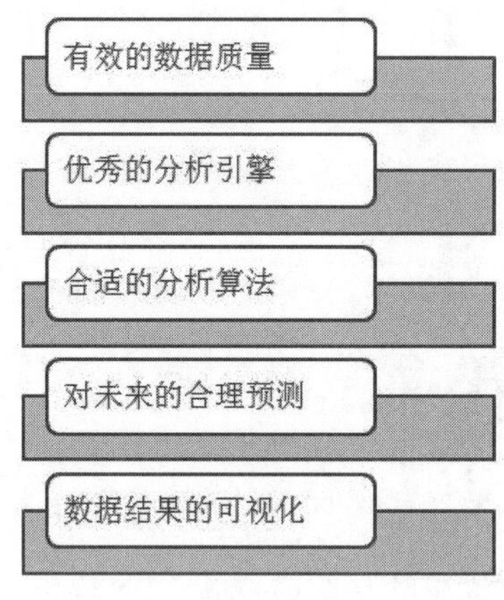

图 1-1　大数据分析的 5 个要素

1. 有效的数据质量

任何数据分析都来自于真实的数据基础，而一个真实数据是采用标准化的流程和工具对数据进行处理得到的，可以保证一个预先定义好的高质量的分析结果。

2. 优秀的分析引擎

对于大数据来说，数据的来源多种多样，特别是非结构化数据，其来源的多样性给大数据分析带来了新的挑战。因此，我们需要一系列的工具去解析、提取、分析数据。大数据分析引擎用于从数据中提取我们所需要的信息。

3. 合适的分析算法

采用合适的大数据分析算法，能让我们深入数据内部挖掘价值。在算法的具体选择上，不仅要考虑能够处理的大数据数量，还要考虑对大数据处理的速度。

4. 对未来的合理预测

数据分析的目的是对已有数据体现出来的规律进行总结，并且将现象与其他情况紧密连接在一起，从而获得对未来发展趋势的预测。大数据分析也是如此。不同的是，在大数据分析中，数据来源的基础更为广泛，需要处理的方面更多。

5. 数据结果的可视化

大数据的分析结果更多的是为决策者和普通用户提供决策支持和意见提示，其对较为深奥的数学含义不会太了解。因此，必然要求数据的可视化能够直观地反映出经过分析后得到的信息与内容，能够较为容易地被使用者所理解和接受。

可以说大数据分析是数据分析最前沿的技术。这种新的数据分析是目标导向的，不用关心数据的来源和具体格式，能够根据我们的需求去处理各种结构化、半结构化和非结构化的数据，配合使用合适的分析引擎，能够输出有效结果，提供一定的对未来趋势的预测分析服务，能够面向更广泛的用户快速部署数据分析应用。

1.3 简单、优雅、有效——这就是 Spark

Apache Spark 是加州大学伯克利分校的 AMPLabs 开发的开源分布式轻量级通用计算框架。与传统的数据分析框架相比，Spark 在设计之初就是基于内存而设计的，因此比一般的数据分析框架具有更高的处理性能，并且对多种编程语言（例如 Java、Scala 及 Python 等）提供编译支持，使得用户使用传统的编程语言即可进行程序设计，从而使得用户的快速学习和代码维护能力大大提高。

简单、优雅、有效——这就是 Spark！

Spark 是一个简单的大数据处理框架，它可以帮助程序设计人员和数据分析人员在不了解分布式底层细节的情况下，编写一个简单的数据处理程序就可以对大数据进行分析计算。

Spark 是一个优雅的数据处理程序，借助于 Scala 函数式编程语言，以前往往几百上千行的程序，这里只需短短几十行即可完成。Spark 创新了数据获取和处理的理念，简化了编程过程，不再需要建立索引来对数据进行分类，通过相应的表链接即可将需要的数据匹配成我们需要的格式。Spark 没有臃肿，只有优雅。

Spark 是一款有效的数据处理工具程序，充分利用集群的能力对数据进行处理，其核心就是 MapReduce 数据处理。通过对数据的输入、分拆与组合，可以有效地提高数据管理的安全性，同时能够很好地访问管理的数据。

Spark 是建立在 JVM 上的开源数据处理框架，开创性地使用了一种从最底层结构上就与现有技术完全不同，但是更加具有先进性的数据存储和处理技术，这样使用 Spark 时无须掌握系统的底层细节，更不需要购买价格不菲的软硬件平台。它借助于架设在普通商用机上的 HDFS 存储系统，就可以无限制地在价格低廉的商用 PC 上搭建所需要规模的评选数据分析平台。即使从只有一台商用 PC 的集群平台开始，也可以在后期任意扩充其规模。

Spark 是基于 MapReduce 并行算法实现的分布式计算，其拥有 MapReduce 的优点，对数据分析细致而准确。更进一步，Spark 数据分析的结果可以保持在分布式框架的内存中，从而使得下一步的计算不再频繁地读写 HDFS，使得数据分析更加快速和方便。

提示：需要注意的是，Spark 并不是“仅”使用内存作为分析和处理的存储空间，而是和 HDFS 交互使用，首先尽可能地采用内存空间，当内存使用达到一定阈值时，仍会将数据存储在 HDFS 上。

除此之外，Spark 通过 HDFS 使用自带的和自定义的特定数据格式（RDD、DataFrame），基本上可以按照程序设计人员的要求处理任何数据（音乐、电影、文本文件、Log 记录等），而不论数据类型是什么样的。编写相应的 Spark 处理程序，可以帮助用户获得任何想要的答案。

有了 Spark 后，再没有数据被认为是过于庞大而不好处理或不好存储的，从而解决了之前无法解决的、对海量数据进行分析的问题，便于发现海量数据中潜在的价值。

1.4 Spark 3.0 核心——ML

首先谈一下新旧版本 MLlib 的区别。ML 和 MLlib 都是 Spark 中的机器学习库，都能满足目前常用的机器学习功能需求。Spark 官方推荐使用 ML，因为它功能更全面、更灵活，未来会主要支持 ML，MLlib 很有可能会被废弃。

ML 主要操作的是 DataFrame，而 MLlib 操作的是 RDD，也就是说二者面向的数据集不一样。相比于 MLlib 在 RDD 提供的基本操作，ML 在 DataFrame 上的抽象级别更高，数据和操作耦合度更低。ML 中的操作可以使用 Pipeline，跟 Sklearn 一样，可以把很多操作（算法、特征提取、特征转换）以管道的形式串起来，然后让数据在这个管道中流动。ML 中无论是什么模型，都提供了统一的算法操作接口，比如模型训练都是 fit。

如果将 Spark 比作一颗闪亮的星星，那么其中最明亮、最核心的部分就是 ML。ML 是一个构建在 Spark 上、专门针对大数据处理的并发式高性能机器学习库，其特点是采用较为先进的迭代式、内存存储的分析计算，使数据的计算处理速度大大高于普通的数据处理引擎。

ML 机器学习库还在不停地更新中，Apache 的相关研究人员仍在不停地为其中添加更多的机器学习算法。目前 ML 中已经有通用的学习算法和工具类，包括统计、分类、回归、聚类、降维等，如图 1-2 所示。

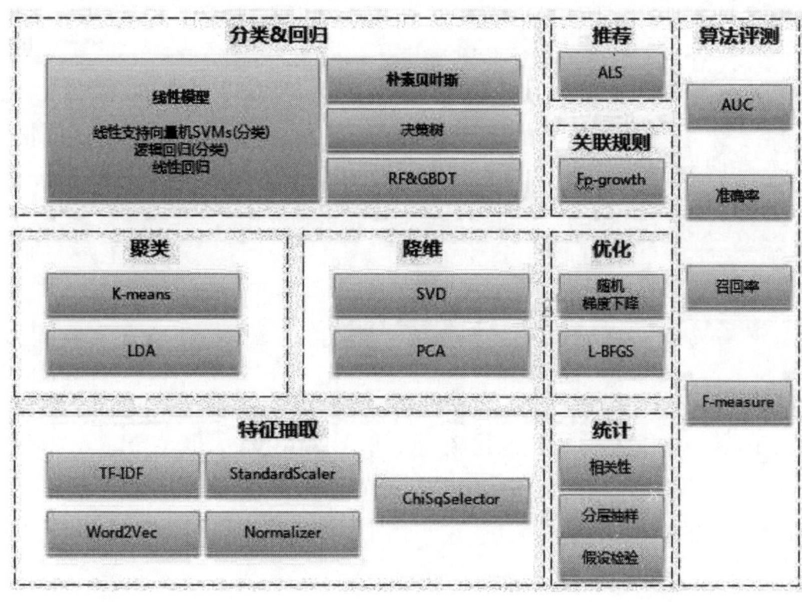

图 1-2　ML 的算法和工具类

对预处理后的数据进行分析，从而获得包含着数据内容的结果。ML 作为 Spark 的核心处理引擎，在诞生之初就为处理大数据而采用了“分治式”的数据处理模式，将数据分散到各个节点中进行相应的处理。通过数据处理的“依赖”关系，使处理过程层层递进。这个过程可以依据要求具体编写，好处是避免了大数据处理框架所要求进行的大规模数据传输，从而节省了时间、提高了处理效率。

ML 借助函数式程序设计思想，让程序设计人员在编写程序的过程中只需要关注其数据，而不必考虑函数调用顺序，不用谨慎地设置外部状态。所有要做的就是传递代表了边际情况的参数。

ML 采用 Scala 语言编写。Scala 语言是运行在 JVM 上的一种函数式编程语言，特点是可移植性强，最重要的特点是“一次编写，到处运行”。借助于 RDD 或 DataFrame 数据统一输入格式，让用户可以在不同的 IDE 上编写数据处理程序，通过本地化测试后可以在略微修改运行参数后直接在集群上运行。对结果的获取更为可视化和直观，不会因为运行系统底层的不同而造成结果的差异与改变。

ML 是 Spark 的核心内容，也是其中最闪耀的部分。对数据的分析和处理是 Spark 的精髓，也是挖掘大数据这座宝山的金锄头。Spark 3.0 中的数据集使用 DataFrame 格式，并且支持使用管道 API 进行运算。它对机器学习算法的 API 进行了标准化，以便更轻松地将多种算法组合到单个管道或工作流中。有了 Pipeline（见图 1-3）之后，ML 更适合创建包含从数据清洗到特征工程再到模型训练等一系列工作。

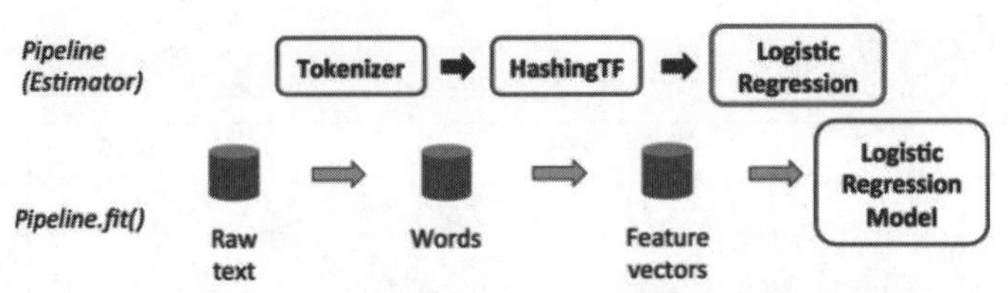

图 1-3 ML 管道的工作流程

1.5 星星之火，可以燎原

Spark 一个新兴的、能够便捷和快速处理海量数据的计算框架，得到了越来越多从业者的关注与重视。使用其中的 ML 能够及时准确地分析海量数据，从而获得大数据中所包含的各种有用信息。例如，经常使用的聚类推荐、向感兴趣的顾客推荐相关商品和服务；或者为广告供应商提供具有针对性的广告服务，并且通过点击率的反馈获得统计信息，进而有效地帮助他们调整相应的广告投放能力。

2015 年 6 月 15 日，IBM 宣布了一系列 Apache Spark 开源软件相关的措施，旨在更好地存储、处理以及分析大量不同类型的数据。IBM 将在旧金山开设一家 Spark 技术中心，这一举措将直接教会 3500 名研发人员使用 Spark 来工作，并间接影响超过一百万的数据科学家和工程师，让他们更加熟悉 Spark。

相对于 IBM 对 Spark 的大胆采纳，其他一些技术厂商对 Spark 则是持相当保留的态度。IBM 近年来将战略重点转向数据领域，在大数据、物联网、软件定义存储及 Watson 系统等领域投入大量资金。

IBM 在 Spark 开源软件方面的举动，将会对许多以 Spark 为框架协议的初创公司带来利益，最重要的是会使业界对 Spark 开源软件的接受度和应用率增加。因为 Spark 开源软件不仅对初创公司有利，对于一些大的数据项目来说也是非常好的解决方案。

Spark 将是大数据分析和计算的未来，定将会成为应用最为广泛的计算架构。越来越多的公司和组织选择使用 Spark，不仅体现出使用者对大数据技术和分析能力要求越来越高，也体现出 Spark 这一新兴的大数据技术对于未来的应用前景越来越好。

1.6 小 结

Spark 是未来大数据处理的最佳选择，其最核心、最重要的部分就是 ML。掌握了使用 ML 对数据进行处理的技能，可以真正使大数据“为我所用”。

第 2 章

Spark 3.0 安装和开发环境配置

本章将介绍 Spark 的单机版安装方法和开发环境配置。ML 是 Spark 数据处理框架的一个主要组件，其运行必须有 Spark 的支持。本书以讲解和演示 ML 原理和示例为主，在安装上将详细介绍基于 Intellij IDEA、在 Windows 10 操作系统上的单机运行环境，这也是 Spark 机器学习和调试的最常见形式，以便更好地帮助读者学习和掌握 Spark 程序编写精髓。

本章主要知识点：

- 环境搭建
- Spark 单机版的安装与配置
- 写出第一个 Spark 程序

2.1 Windows 10 单机模式下安装和配置 Spark

Windows 10 系统是目前最常见的操作系统，本节将讲解如何在 Windows 10 系统中下载、使用 Spark 单机模式。

2.1.1 Windows 10 安装 Java 8

ML 是 Spark 大数据处理框架中的一个重要组件，广泛应用于各类数据的分析和处理。Scala 是一种基于 JVM 的函数式编程语言，而 Spark 是借助于 JVM 运行的一个数据处理框架，因此首选安装 Java。

步骤 01 从 Java 地址下载安装 Java 安装程序，地址为 http://www.oracle.com/technetwork/java/javase/downloads/index.html。单击 Java DownLoad，进入下载页面。这里推荐读者全新安装时使用 Java 8，如图 2-1 所示。

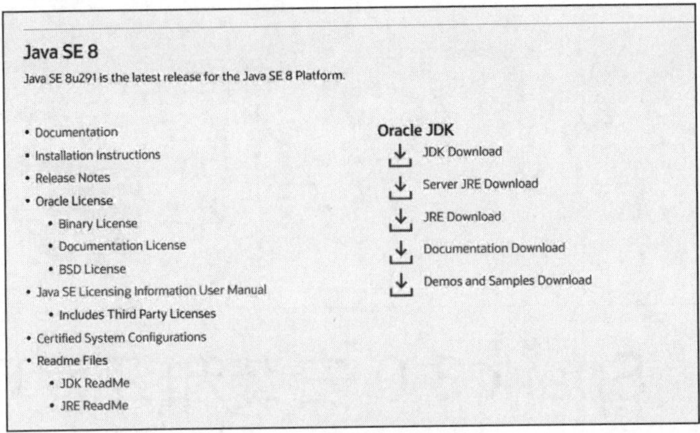

图 2-1　Java 安装选项

步骤 02　单击 JDK Download 按钮，之后按需求选择 Java 的版本号。为了统一安装，这里全部选择 64 位 Java 安装文件进行下载，如图 2-2 所示。

Solaris SPARC 64-bit (SVR4 package)	133.69 MB	jdk-8u291-solaris-sparcv9.tar.Z
Solaris SPARC 64-bit	94.74 MB	jdk-8u291-solaris-sparcv9.tar.gz
Solaris x64 (SVR4 package)	134.48 MB	jdk-8u291-solaris-x64.tar.Z
Solaris x64	92.56 MB	jdk-8u291-solaris-x64.tar.gz
Windows x86	155.67 MB	jdk-8u291-windows-i586.exe
Windows x64	168.67 MB	jdk-8u291-windows-x64.exe

图 2-2　下载 Java

提示：为了安装后续的其他语言，统一采用 64 位的安装模式。

步骤 03　双击下载后的文件，在默认路径安装 Java，如图 2-3 所示，然后静待安装结束即可。笔者采用的是 1.8.151 版本，学习时只要比此版本高即可。

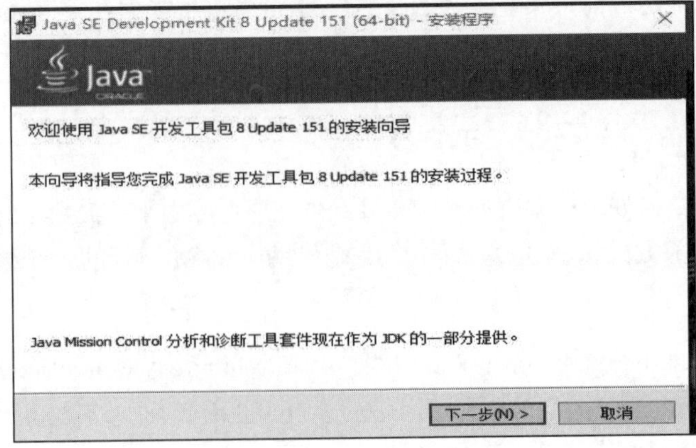

图 2-3　Java 安装过程

步骤04 安装结束后需要对环境变量进行配置，首先右击“我的电脑”|“属性”选项，在弹出的对话框中下方单击“高级系统设置”选项，然后选中“高级”标签，单击“环境变量”按钮，在当前用户名下新建 JAVA_HOME 安装路径，即前面 JDK 安装所在的路径，如图 2-4 所示。

步骤05 PATH 用于设置编译器和解释器路径，在设置好 JAVA_HOME 后，需要设置 PATH 以便 Java 工具能在任何目录下使用，如图 2-5 所示。

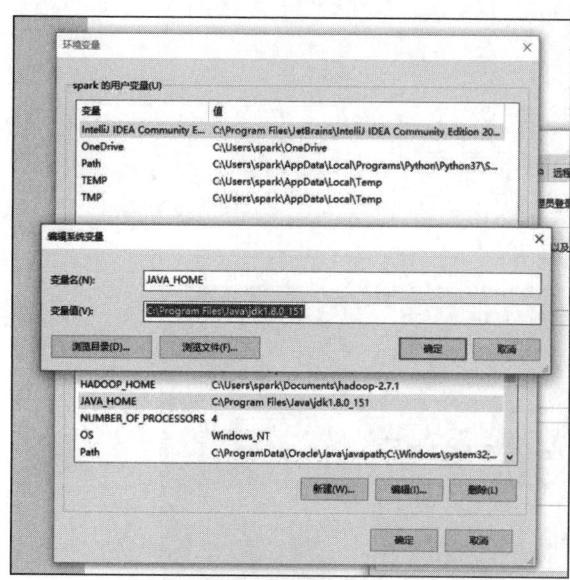

图 2-4　设置环境变量：JAVA_HOME

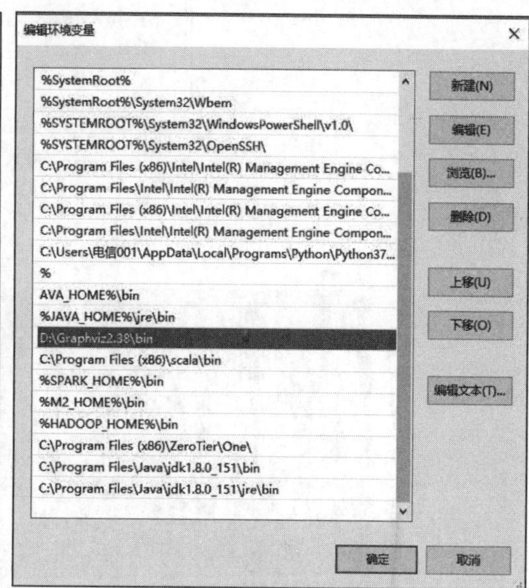

图 2-5　设置环境变量：PATH

步骤06 对 CLASSPATH 进行配置。注意，在“变量值”（路径）文本框中一定要在开头加上“.;”（不包括引号），如图 2-6 所示。

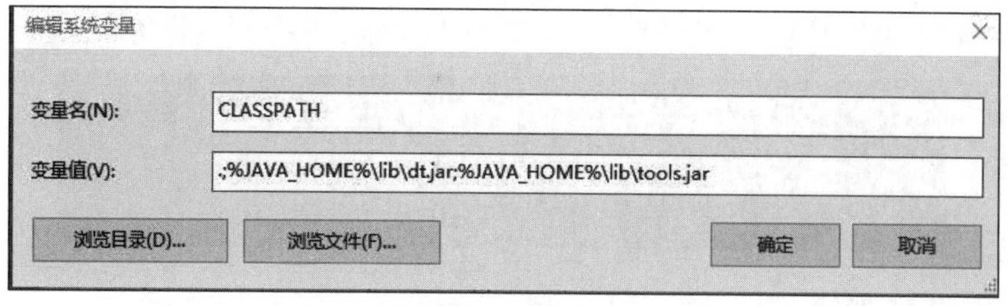

图 2-6　设置 CLASSPATH 路径

步骤07 单击 Windows 10 开始菜单，在“附件”里面找到“运行”，输入“cmd”命令，如图 2-7 所示。

图 2-7　输入“cmd”运行命令

步骤 08　输入命令后打开控制台界面，在打开的界面中输入“java”，如图 2-8 所示。

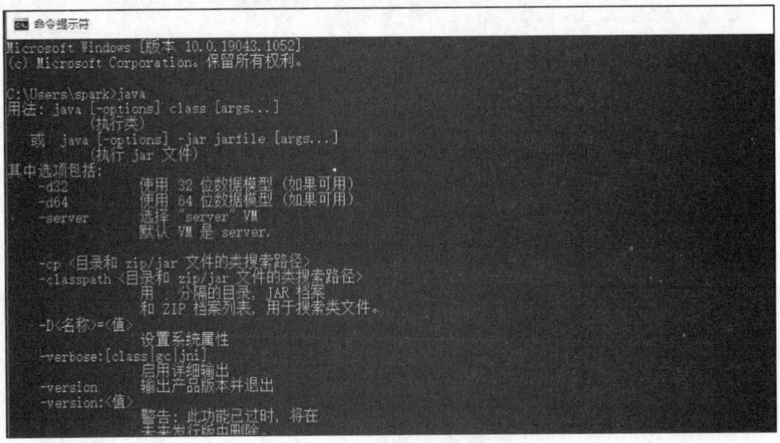

```
命令提示符
Microsoft Windows [版本 10.0.19043.1052]
(c) Microsoft Corporation。保留所有权利。

C:\Users\spark>java
用法: java [-options] class [args...]
           (执行类)
   或  java [-options] -jar jarfile [args...]
           (执行 jar 文件)
其中选项包括:
    -d32          使用 32 位数据模型 (如果可用)
    -d64          使用 64 位数据模型 (如果可用)
    -server       选择 "server" VM
                  默认 VM 是 server.

    -cp <目录和 zip/jar 文件的类搜索路径>
    -classpath <目录和 zip/jar 文件的类搜索路径>
                  用 ; 分隔的目录, JAR 档案
                  和 ZIP 档案列表, 用于搜索类文件。
    -D<名称>=<值>
                  设置系统属性
    -verbose:[class|gc|jni]
                  启用详细输出
    -version      输出产品版本并退出
    -version:<值>
                  警告: 此功能已过时, 将在
                  未来发行版中删除。
```

图 2-8　输入“java”运行命令

步骤 09　运行后出现如图 2-9 所示的界面，说明 Java 已经配置好，可以运行 Java 程序了。

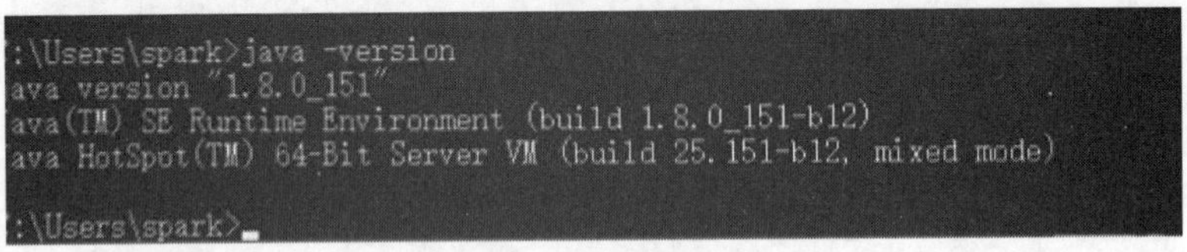

```
:\Users\spark>java -version
ava version "1.8.0_151"
ava(TM) SE Runtime Environment (build 1.8.0_151-b12)
ava HotSpot(TM) 64-Bit Server VM (build 25.151-b12, mixed mode)

:\Users\spark>_
```

图 2-9　配置结果

2.1.2 Windows 10 安装 Scala 2.12.10

步骤 01　Scala 的安装比较容易，直接下载相应的编译软件，下载之后双击程序直接安装。Scala 会在安装过程中自行设置。我们需要下载的版本是 Scala 2.12.10，下载地址为 http://www.scala-lang.org。

步骤 02　打开 Scala 网站首页，如图 2-10 所示。

图 2-10　Scala 网站首页

步骤 03　单击 DOWNLOAD 按钮，进入下载界面，单击如图 2-11 所示的圈住的链接。

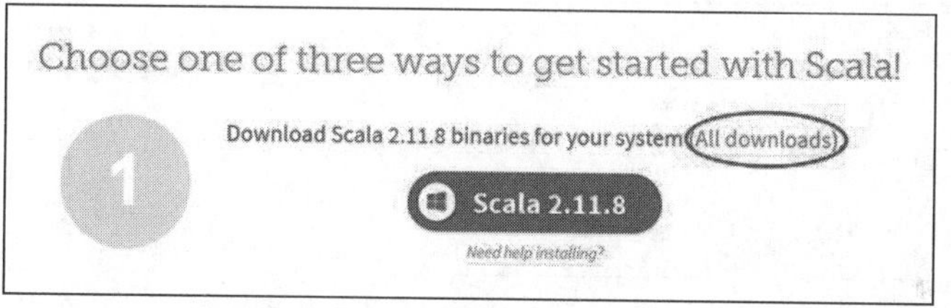

图 2-11　Scala 下载页面

步骤 04　日期不同，在首页默认下载的 Scala 版本也不尽相同，这里选用的是 2.12.10 版本。单击图 2-11 中所示的 ALL downloads 按钮进入版本选择页面，如图 2-12 所示。

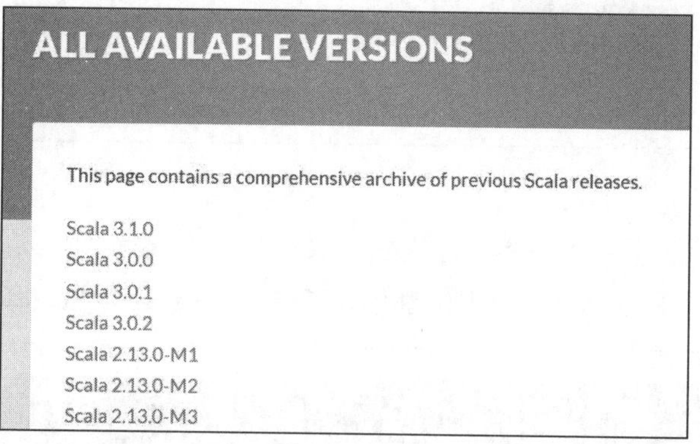

图 2-12　Scala 版本选择

提示：为了更好地与 Spark 3.0 兼容，推荐使用 2.12.10 稳定版。

步骤 05　单击图 2-12 中所示画横线的按钮进入 Scala 2.12.10 版本的下载页面，选择 Windows 版本，如图 2-13 所示。等待程序下载完成后，双击进行程序安装。

Archive	System	Size
scala-2.12.10.tgz	Mac OS X, Unix, Cygwin	19.71M
scala-2.12.10.msi	Windows (msi installer)	124M
scala-2.12.10.zip	Windows	19.75M
scala-2.12.10.deb	Debian	144.88M
scala-2.12.10.rpm	RPM package	124.52M
scala-docs-2.12.10.txz	API docs	53.21M
scala-docs-2.12.10.zip	API docs	107.63M
scala-sources-2.12.10.tar.gz	Sources	

图 2-13　Scala 2.12.10 下载页面

步骤 06　与 Java 安装时类似，安装结束后对环境变量进行配置，首先右击“我的电脑”|“属性”菜单，在弹出的对话框中单击“高级系统设置”选项，然后选中“高级”标签，单击“环境变量”按钮。在当前用户名下新建 SCALA_HOME 安装路径，即前面 Scala 安装所在的路径，如图 2-14 所示。

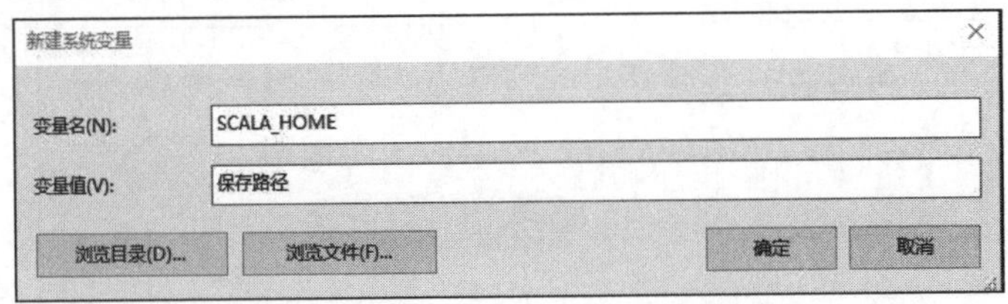

图 2-14　SCALA_HOME 环境变量设置

步骤 07　设置 PATH 变量：找到系统变量下的 PATH 项，单击“编辑”按钮。在“变量值”文本框的最前面添加“%SCALA_HOME%\bin;”，如图 2-15 所示。

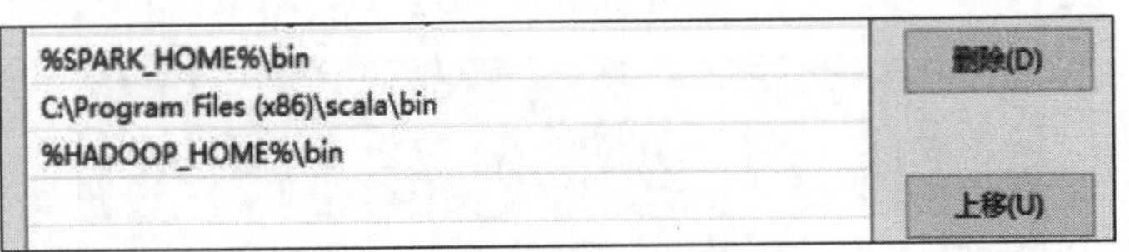

图 2-15　PATH 环境变量设置

步骤 08　跟前面运行 Java 命令一样，还是通过在“运行”对话框输入“cmd”命令打开命令控制台。输入“scala”，显示如图 2-16 所示，即可认为 Scala 安装完毕。

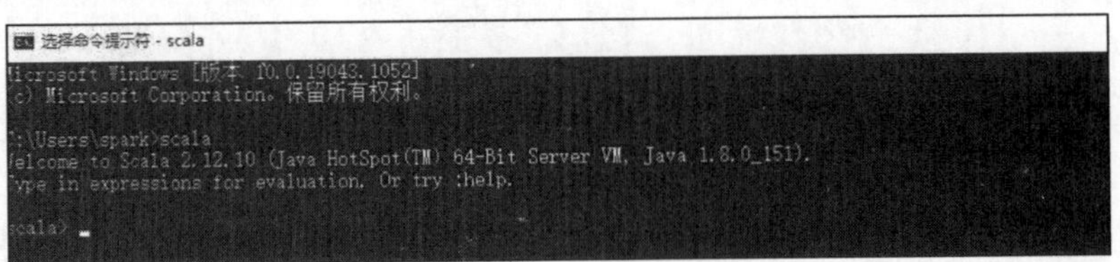

图 2-16　输入 Scala 运行结果

2.1.3 Intellij IDEA 下载和安装

Intellij IDEA 是常用的 Java 编译器，也可以用来作为 Spark 单机版的调试器。Intellij IDEA 有社区免费版和付费版，这里使用免费版即可。

Intellij IDEA 的下载地址为 http://www.jetbrains.com/idea/download/，选择右侧的社区免费版下载即可，如图 2-17 所示。

双击下载的 Intellij IDEA 安装包就会自动进行安装。这里基本没有什么需要特别注意的事项，如果在安装过程中碰到问题，可以自行搜索解决。

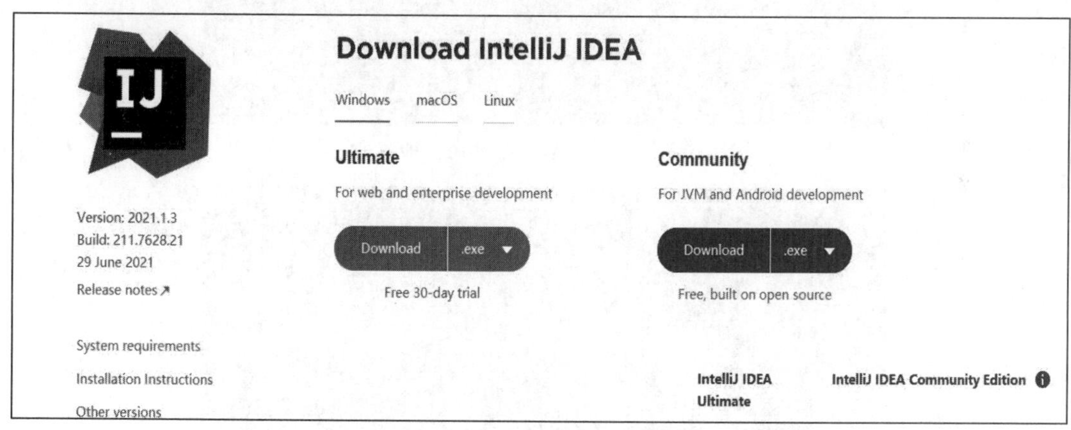

图 2-17 选择社区免费版

2.1.4 Intellij IDEA 中 Scala 插件的安装

Scala 是一种把面向对象和函数式编程理念加入静态类型语言中的语言，可以把 Scala 应用在很大范围的编程任务上，无论是小脚本还是大系统都可以用 Scala 实现。Scala 运行在标准的 Java 平台上（JVM），可以与所有的 Java 库实现无缝交互。

Spark 的 ML 库是基于 Java 平台的大数据处理框架，因此可以自由选择最方便的语言进行编译处理。Scala 天生具有简洁性和性能上的优势，并且可以在 JVM 上直接使用，使其成为 Spark 官方推荐的首选程序语言。因此，笔者推荐使用 Scala 语言作为 Spark 机器学习的首选语言。

Intellij IDEA 本身并没有安装 Scala 编译插件，因此在使用 Intellij IDEA 编译 Scala 语言编写的 Spark 机器学习代码之前需要安装 Scala 编译插件，其安装步骤如下：

步骤 01 在桌面上找到已安装的 Intellij IDEA 图标，双击打开后等待读取界面（见图 2-18）结束。由于 Intellij IDEA 是首次使用，因此之后会进入创建工程选项界面，如图 2-19 所示。

图 2-18　Intellij IDEA 最新版读取界面

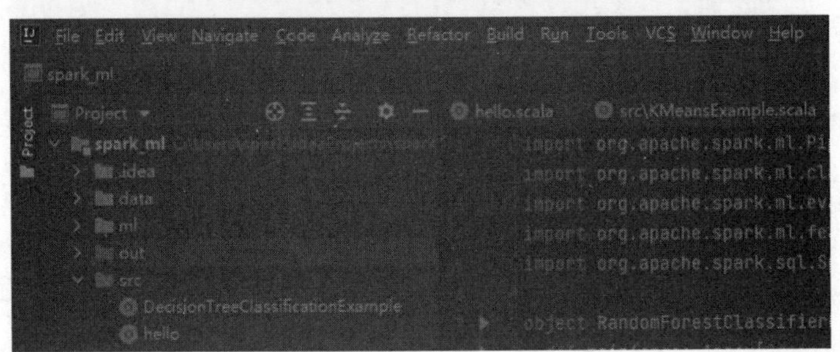

图 2-19　Intellij IDEA 使用界面

步骤 02　因为需要使用 Scala 语言编译程序，所以这里建议读者先选择新建工程，验证是否可以使用 Scala 创建工程，如图 2-20 所示。

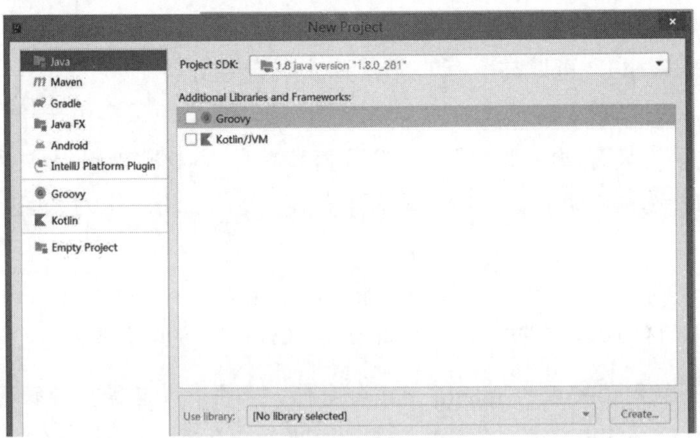

图 2-20　创新新工程页面

步骤 03　从图 2-20 可以看到，其中并没有可以建立 Scala 工程的选项。也就是说，如果需要使用 Scala，Intellij IDEA 需要进一步配置相应的开发组件。这里单击 File Setting…菜单项打开 Setting 窗口，在左边单击 Plugins 选择插件，会出现如图 2-21 所示的界面（显示当前可以安装的插件）。

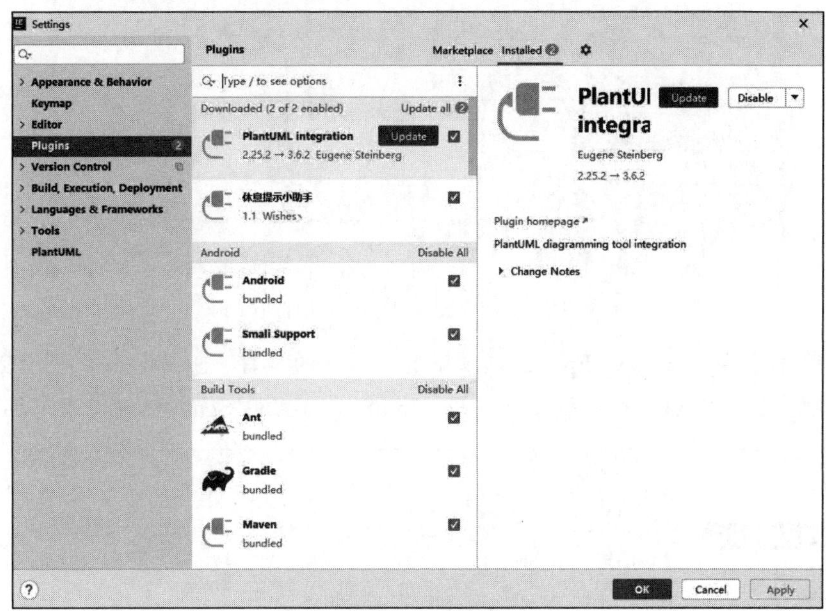

图 2-21　查找插件

步骤 04　显示的插件过多时，可以在 Search 文本框中输入“scala”搜索相应的 Scala 插件，如图 2-22 所示。

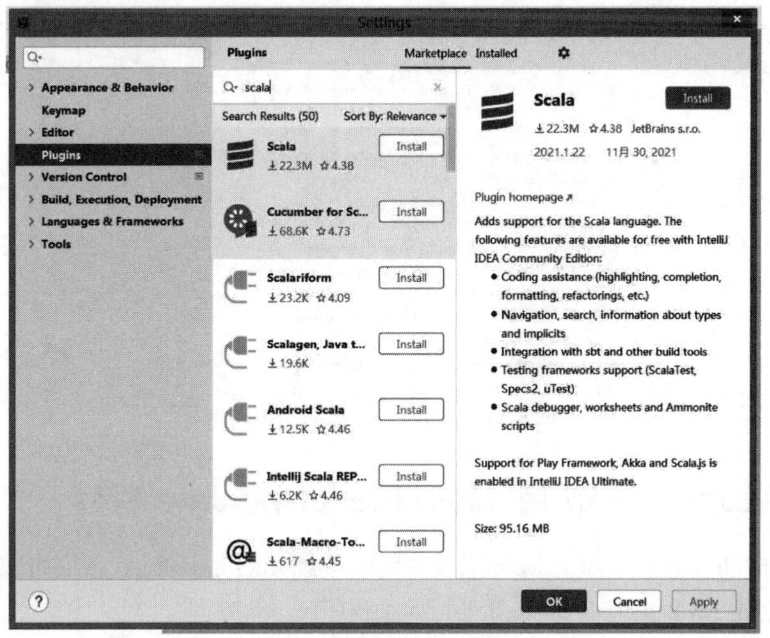

图 2-22　查找 Scala 插件

步骤 05　找到 Scala 插件后，单击右侧的 install plugin 绿色按钮，等待一段时间，即可完成安装。如图 2-23 所示是安装好了的界面，Installed 按钮是灰色的。

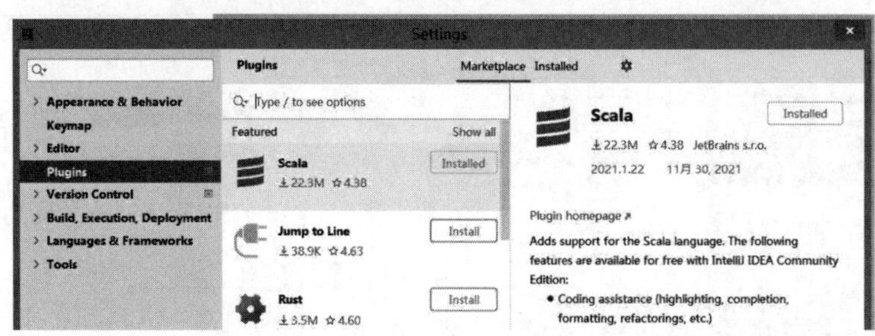

图 2-23　完成安装 Scala 插件

步骤 06 安装完毕后，在 New Project 选项下有一项新的项目“Scala”，如图 2-24 所示。单击项目，可以创建相关程序。至此，Intellij IDEA 的 Scala 插件安装完毕。

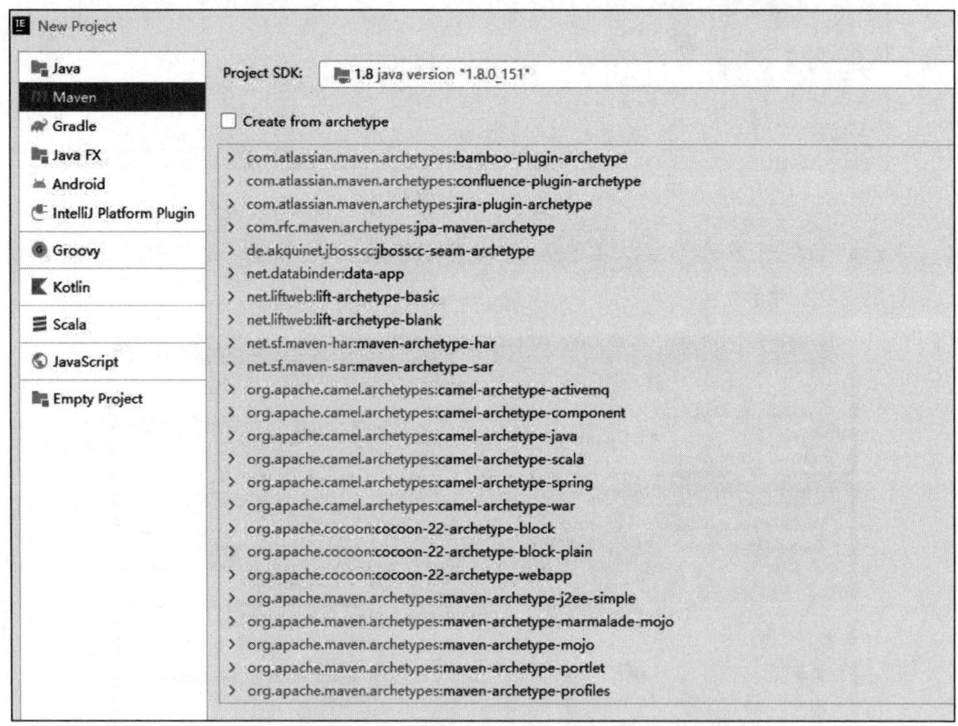

图 2-24　安装 Scala 插件后的页面

2.1.5 HelloJava——使用 Intellij IDEA 创建 Java 程序

上面已经成功安装了 Java、Scala 以及通用编译器 Intellij IDEA，下面带领读者正式使用 Intellij IDEA 创建 Java 与 Scala 的 HelloWorld 小程序。

步骤 01 单击桌面上的 Intellij IDEA 标记，打开 Intellij IDEA 软件。这里建议读者先新建工程，单击新建工程对应项后，操作界面如图 2-25 所示。

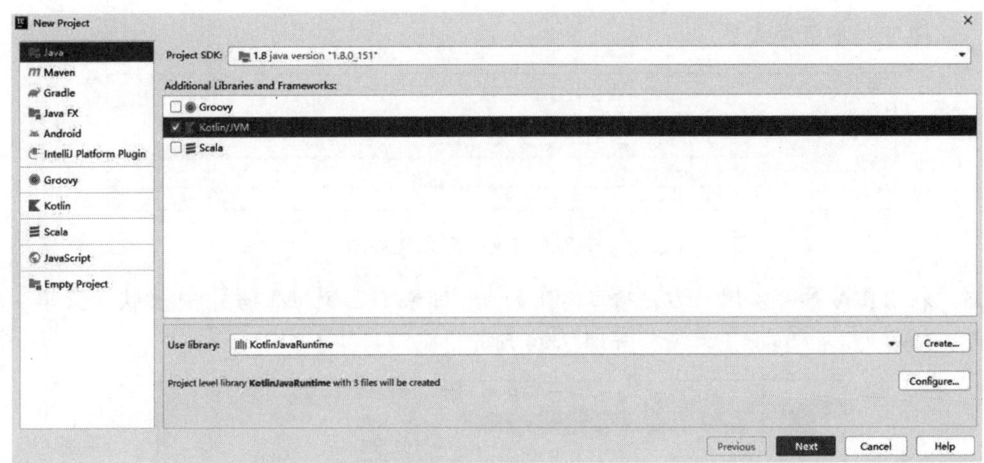

图 2-25　创建新工程页面

步骤02 这里首先创建的是 Java 程序，因此在图 2-25 所示的对话框左侧列表中选择 Java 选项、右侧列表中勾选 Kotlin/JVM 复选框。

提示：最上方的 SDK 选项为空，因此需要在下一步之前设定。SDK 是 Java 语言的编译开发工具包，需要设定安装的 JDK 地址。这里填写 2.1.1 节中安装 Java 时使用的地址。

步骤03 单击 Project SDK 下拉列表，在弹出的菜单项中选择 JDK...，按操作提示选择 Java JDK 安装目录，结果如图 2-26 所示。

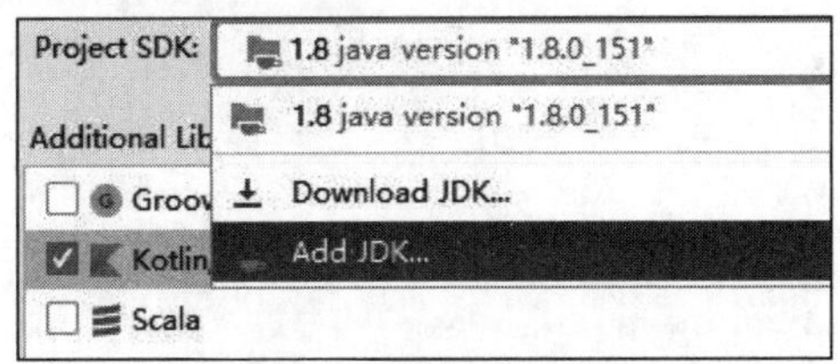

图 2-26　选择 SDK 安装目录

IDE 已经自动认出 Java 的版本号（见图 2-27），此时可以使用 Intellij IDEA 创建一个 Java 程序。

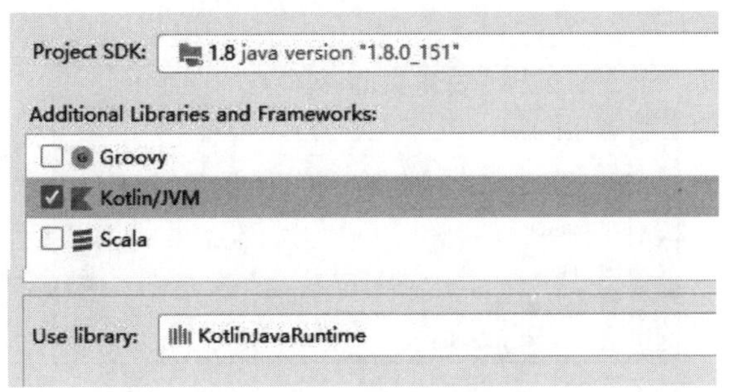

图 2-27　SDK 选择界面

步骤04 单击 Next 按钮后，给创建的文件起一个名字（见图 2-28），然后单击 Finish 按钮，即可创建程序文件。

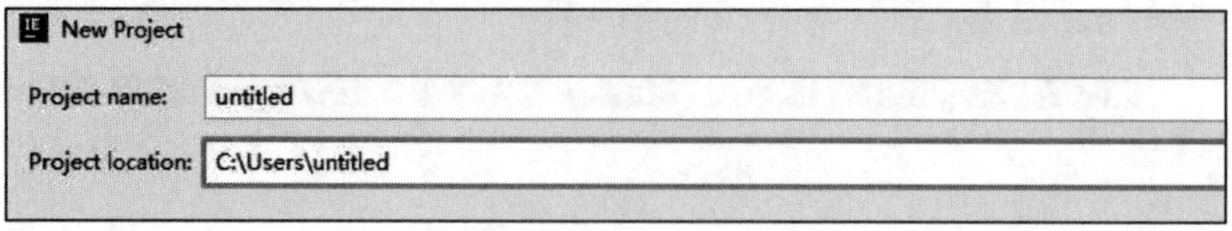

New Project
Project name: untitled
Project location: C:\Users\untitled

图 2-28 文件名创建界面

步骤 05 在 IDEA 界面左侧，右击项目名下的 src 目录（已加入源码），弹出快捷菜单，单击 New | Java Class 菜单项，如图 2-29 所示。

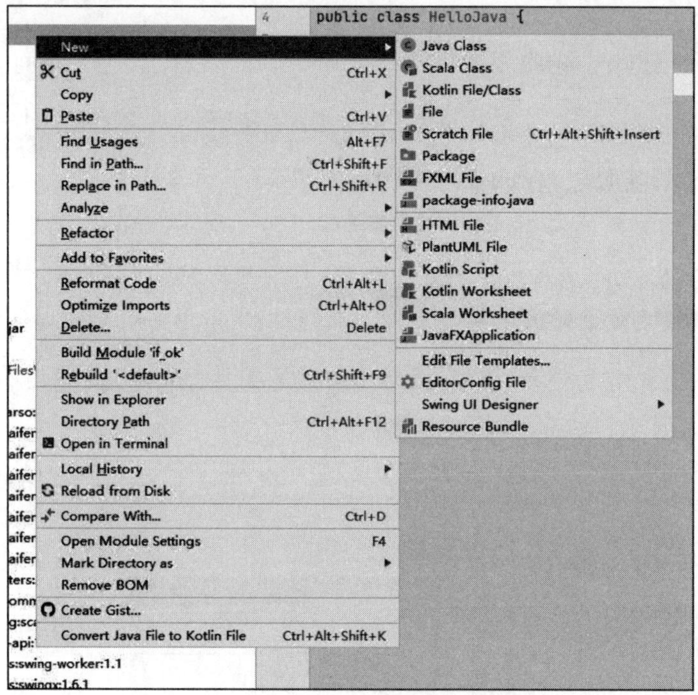

图 2-29 创建一个 Java 新程序

在打开的对话框中填写名称 HelloJava，如图 2-30 所示，单击 OK 按钮后创建一个新的 Java 程序。

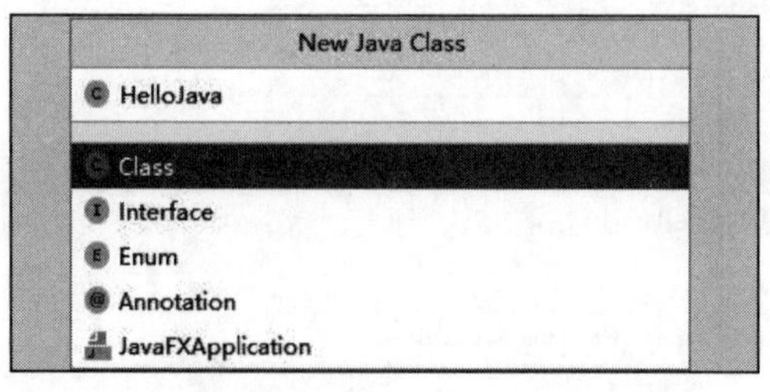

图 2-30 创建一个 Java 新程序

步骤 06 在 IDEA 弹出的界面右侧补充代码，如程序 2-1 所示。

代码位置：//SRC//C02// HelloJava.java

程序 2-1 HelloJava

```
public class HelloJava {
  public static void main(String[] args){
    System.out.print("helloJava");
  }
}
```

右击文件，在弹出的菜单中选择“Run 'HelloJava.main()'”运行此程序，结果如图 2-31 所示。

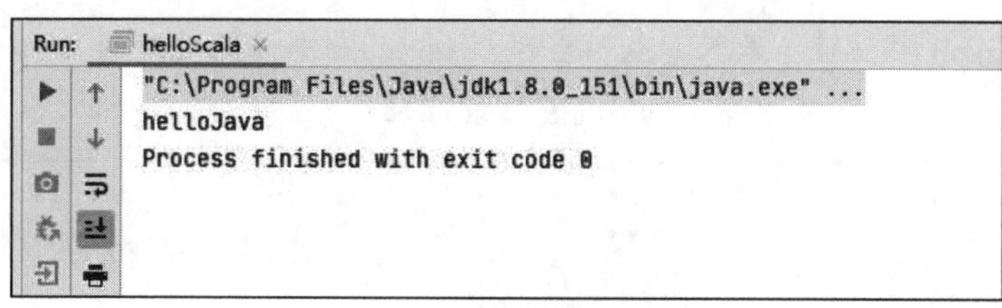

图 2-31 运行效果

这里使用 Java 语言创建了一个新的 Java Class 文件，用于对程序进行编写与编译。虽然在后续的学习中，Java 语言并不是作为本书 Spark 的主要程序设计语言，但是对于 Spark 来说，Java 语言仍旧是一个非常重要的语言基础，有无可替代的作用。

2.1.6 HelloScala——使用 Intellij IDEA 创建 Scala 程序

本节将继续使用 Intellij IDEA 编译器编译 Scala 程序，这是本书的一个重要的基础内容。

步骤 01 单击 IDE 主界面上的 File 标签，新建一个工程，如图 2-32 所示。

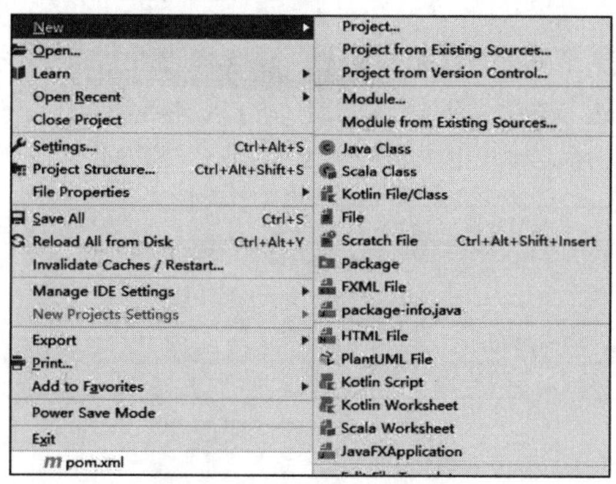

图 2-32 新建一个工程

步骤 02 进入工作界面，这里有两种可以新建 Scala 程序的方式，推荐使用第二种方式，即使用图 2-33 所示的左边框中的 Scala 选项和右边的 IDEA 程序。

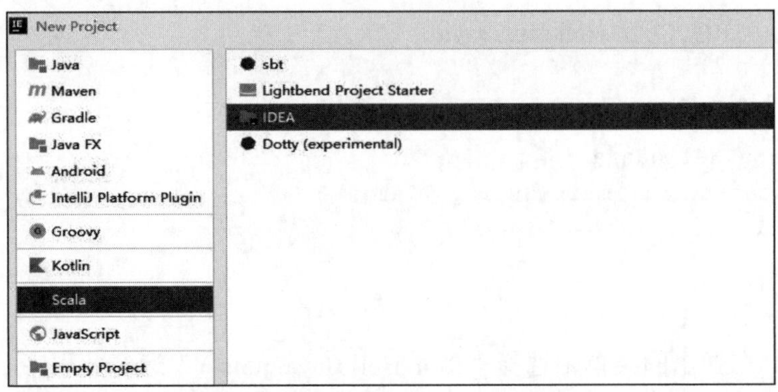

图 2-33　创建 Scala 新工程页面

步骤 03　单击 Finish 按钮后，进入存放位置设置和 Scala 编译器设置的页面（见图 2-34），这里选择输入 2.1.2 节中安装的 Scala 目录地址。

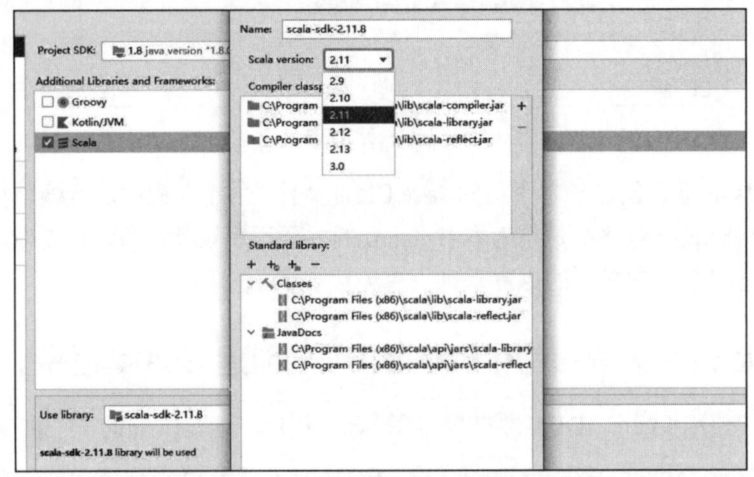

图 2-34　创建 Scala 新工程页面

这里已经在 2.1.2 节中安装过 Scala，因此直接选择查找已安装的 SDK 即可。有需要的话也可以直接单击 Download...按钮，下载不同版本的 Scala 语言。

新建项目，如图 2-35 所示。

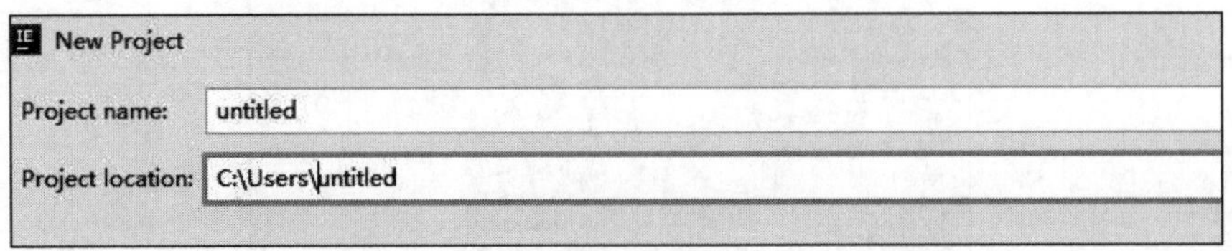

图 2-35　新建项目

这里使用了两个编译器，分别是 Java 和 Scala 的 SDK。对于 Scala 来说，其实质也是运行在 Java 虚拟机上的一种编译语言，需要获得 JDK 的支持。

提示：Scala 文件夹的位置最好不要与 2.1.5 节中 Java 文件存放的位置相同，以免在编译时产生错误。单击 Finish 按钮后，静待 IDEA 完成后续的创建工作。

步骤 04 右击左侧列表中的 src 列表项新建文件，如图 2-36 所示。需要注意的是，这里要新建一个 Scala Class 文件。

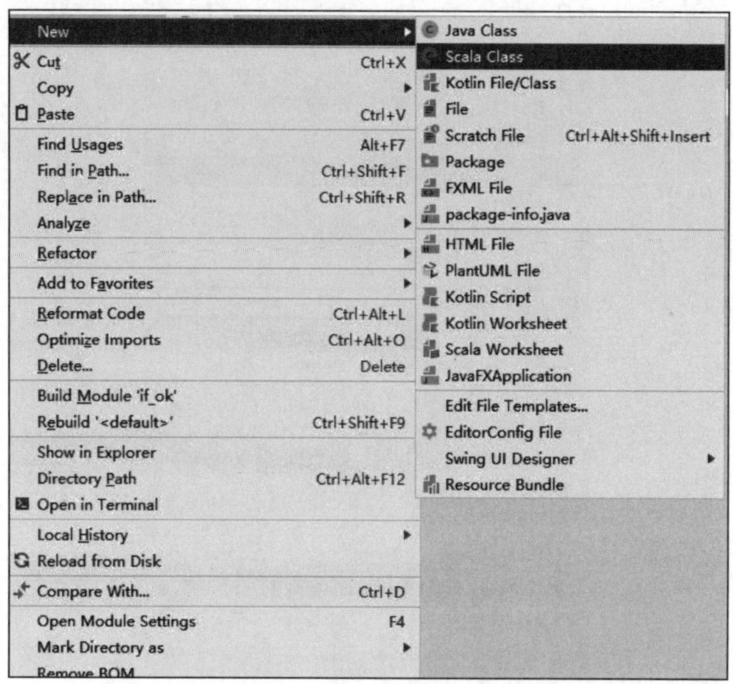

图 2-36 新建 Scala Class 文件

在弹出的对话框中输入 Scala 文件名，单击 OK 按钮即可创建一个空的 Scala 程序。需要注意的是，类型必须为 Object 而非 Class，如图 2-37 所示。这一点和 Java 程序不同。

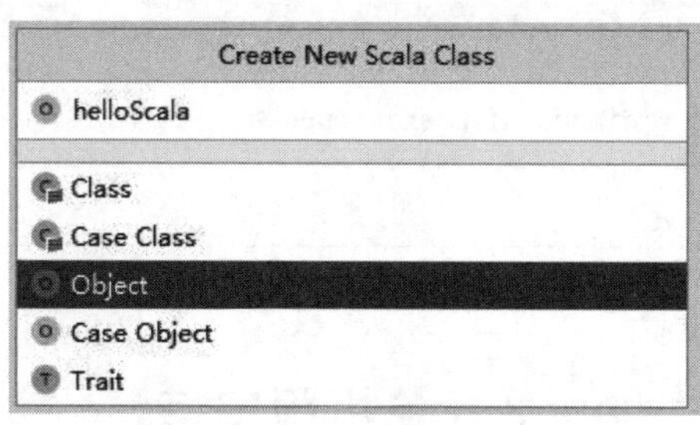

图 2-37 创建新的 Scala 程序

代码位置：//SRC//C02//helloScala.scala

程序 2-2 helloScala

```
Object helloScala {
  def main(args: Array[String]): Unit = {
    print("helloScala")
  }
}
```

步骤 05 与 Java 编译时类似，右击文件名 helloScala，在弹出的快捷菜单中选择“Run 'helloScala'”命令，如图 2-38 所示。

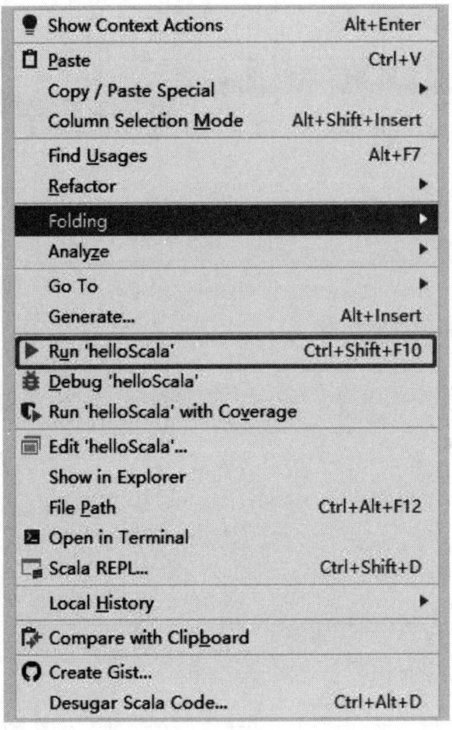

图 2-38 运行 Scala 代码

最终运行结果如图 2-39 所示。

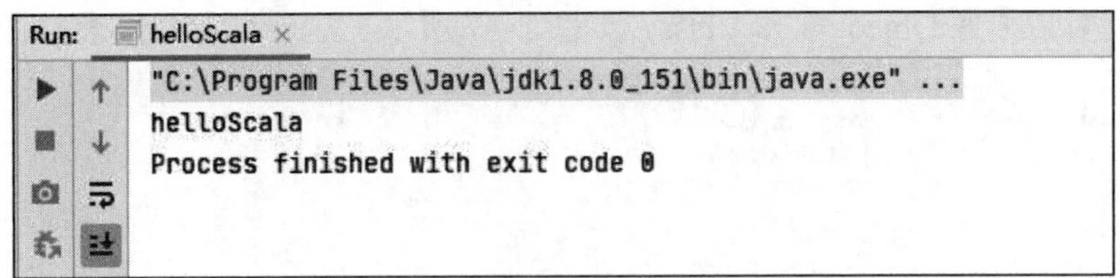

图 2-39 运行效果

2.1.7 最后一脚——Spark 3.0 单机版安装

本小节通过 Windows 10 系统模拟了一个 Spark 运行环境，从而使得读者学习 Spark 机器学习更加方便、简单。

步骤 01 Spark 单机版安装首先需要下载 Spark 预编译版本，网站地址为 http://spark.apache.org/。单击网页左边的 Download 标签进入下载页面，如图 2-40 所示。

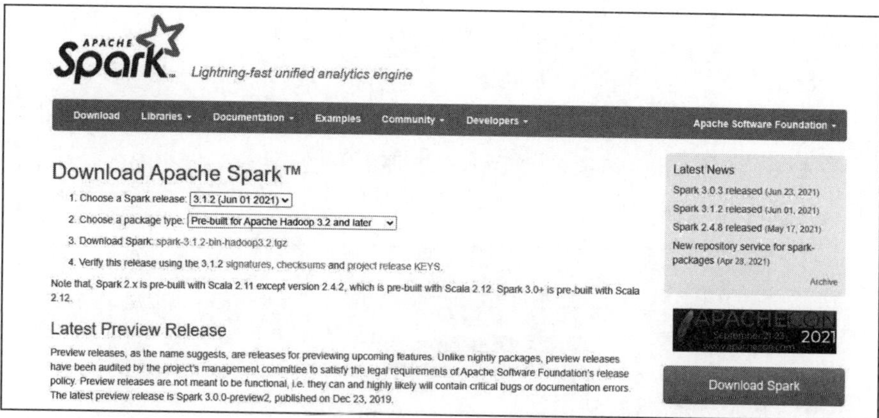

图 2-40 Spark 下载页面

步骤 02 选择 Spark 的下载版本，因为笔者将在 Windows 10 上虚拟出一个 Spark 的运行环境，因此建议读者下载安装 Spark 3.0.3 的预编译版本。这里选用的是 Spark 3.0 版本的文件，所以推荐读者也使用 Spark 3.0 版本，如图 2-41 所示。

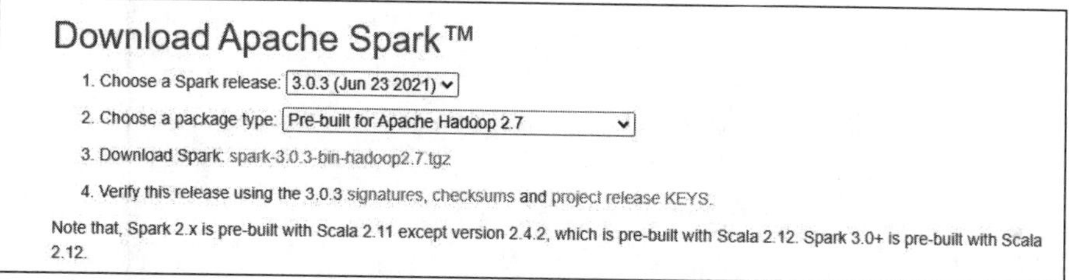

图 2-41 选择 Spark 下载版本

步骤 03 下载后的文件是 tgz 格式的压缩文件。可能有读者使用 Linux 初步学习过 Spark，但是单机版本的 Spark 与 Linux 不同，此时下载的 tgz 文件不要安装，直接使用 Winrar 软件或者 Bandizip 软件解压打开即可。

在压缩包文件中，所有的 jars 包（spark-3.0.2-bin-hadoop2.7.tgz\spark-3.0.2-bin-hadoop2.7\jars）是 Spark 的核心文件，也是其运行和计算的主体，如图 2-42 所示。

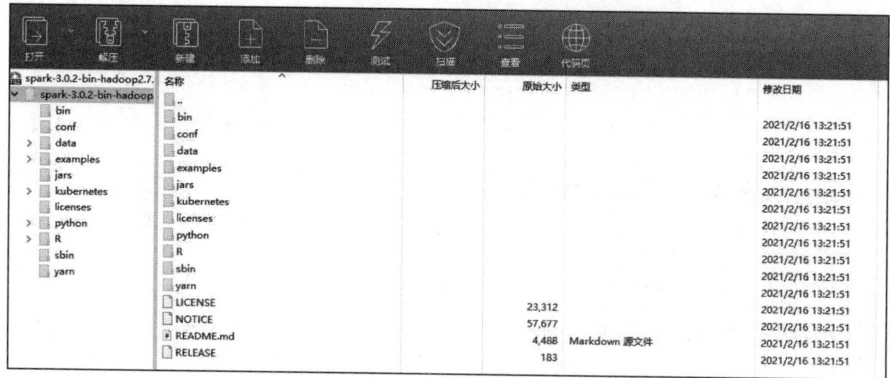

图 2-42 下载的 Spark 预编译

步骤 04 要在 Intellij IDEA 上运行 Spark 项目，就必须把里面的 jars 包都加入 Project Structure 的 Libraries 中。

单击 Intellij IDEA 菜单栏上的 File 选项，选择 Project Structure，在弹出的对话框中单击左侧的 Libraries 选项，之后单击中部上方的+按钮，选择 Java 文件，添加刚才下载的 jars 包文件，如图 2-43 所示。

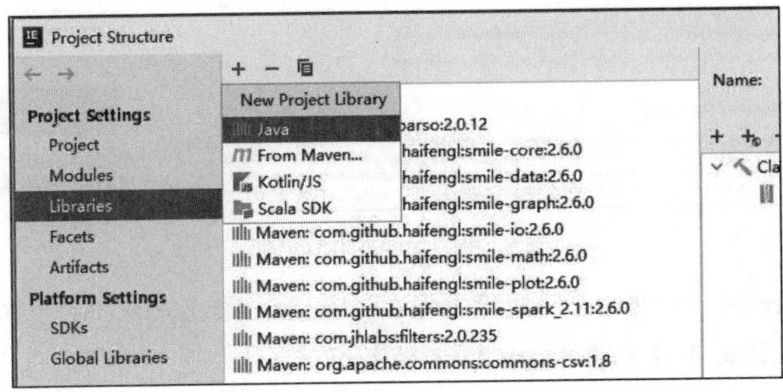

图 2-43 准备添加 jars 包文件

步骤 05 添加后的 lib 文件库，如图 2-44 所示。

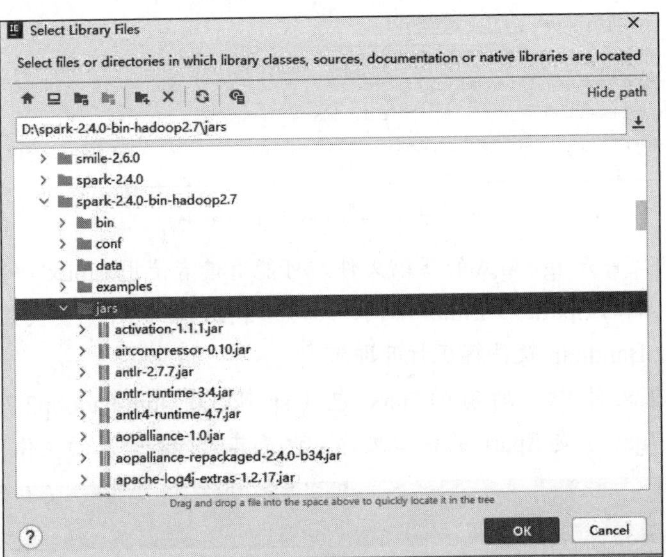

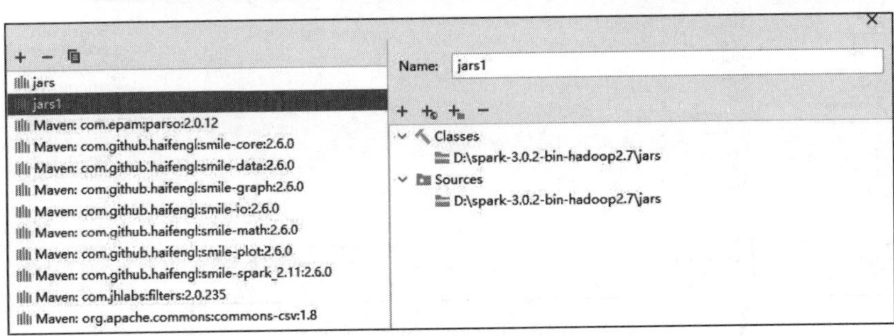

图 2-44 添加 jars 包文件后的 lib 文件库

返回主界面，打开左边工程栏下的工程扩展文件库，也可以看到 Spark 核心文件已经被安装，如图 2-45 所示。

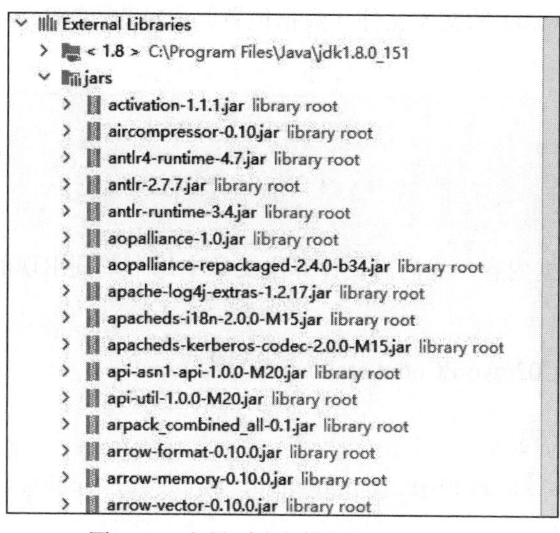

图 2-45　主界面工程栏下的 lib 文件库

2.2 经典的 wordCount

上节成功安装完 Spark 3.0 单机版，下面开始 ML 的学习，这是我们学习 Spark 的第一步。

2.2.1 Spark 3.0 实现 wordCount

经典的 wordCount（统计文章中的词频）是 MapReduce 入门必看的例子，可以称为分布式框架的 Hello World，也是大数据处理人员必须掌握的入门技能：考察对基本 Spark 语法的运用，还是一个简单的自然语言处理程序。源代码参照 Spark 官网的 wordCount 中的示例代码，实现了 text 文件的单词计数功能，单词之间按照空格来区分，形式如图 2-46 所示。

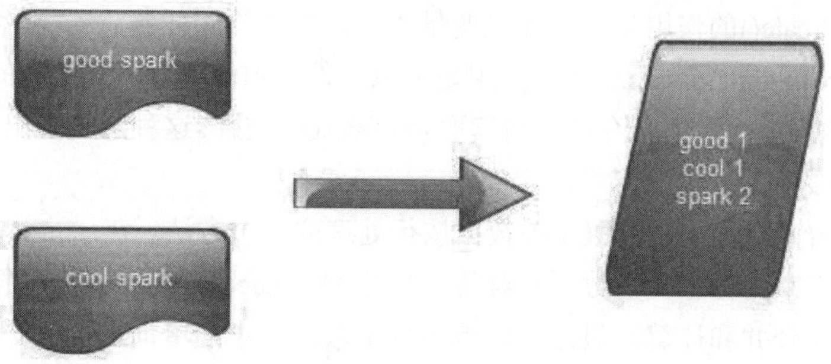

图 2-46　wordCount 统计流程

首先是数据的准备工作。这里为了简化起见，采用小数据集（本书将以小数据为主，演示 Spark 机器学习的使用和原理）。

在 C 盘创建名为 wc.txt 的文本文件（数据位置：//DATA//D02//wc.txt），文件名也可以自行设置，内容如下：

```
good bad cool
hadoop spark mllib
good spark mllib
cool spark bad
```

这是需要计数的数据内容，我们需要计算出文章中每个单词出现的次数，Spark 代码如程序 2-3 所示。

代码位置：//SRC//C02//wordCount.scala

程序 2-3 Spark 代码

```
import org.apache.spark.sql.{DataFrame, Dataset, SparkSession}
object wordCount {
  def main(args: Array[String]): Unit = {
    val spark = SparkSession                    //创建 Spark 会话
      .builder
      .master("local")                          //设置本地模式
      .appName("wordCount")                     //设置会话名称
      .getOrCreate()                            //创建会话变量
    val data = spark.read.text("c://wc.txt")          //读取文件为 DataFrame 格式
     data.as[String].rdd.flatMap(_.split(" ")).map((_,
1)).reduceByKey(_+_).collect().foreach(println)
    //word 计数
  }
}
```

下面是对程序进行分析。

（1）首先创建一个 SparkSession()，目的是创建一个会话变量实例，告诉系统开始 Spark 计算。之后的 master("local")启动本地化运算、appName("wordCount")设置本程序名称。

（2）getOrCreate()的作用是创建环境变量实例，准备开始任务。

（3）spark.read.text("c://wc.txt")的作用是读取文件。顺便提一下，此时的文件读取是按照正常顺序读取，本书后面章节会介绍如何读取特定格式的文件。这种形式读出来的格式为 Spark DataFrame，并非之前的 RDD 形式。

（4）flatMap()是 Scala 中提取相关数据按行处理的一个方法。在_.split(" ")中，_是一个占位符，代表传送进来的任意一个数据，对其按" "分割。map((_, 1))对每个字符进行计数，在这个过程中并不涉及合并和计算，只是单纯地将每个数据行中的单词加 1。最后的 reduceByKey 方法对传递进来的数据按 key 值相加，最终形成 wordCount 计算结果。

目前程序流程如图 2-47 所示。

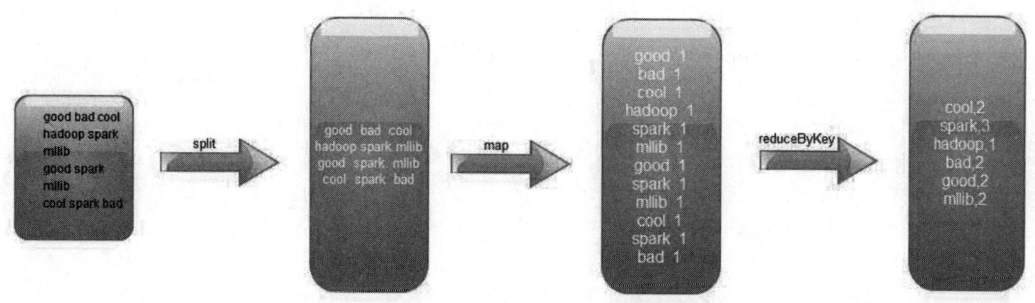

图 2-47　wordCount 流程图

（5）collect()对程序进行启动。因为 Spark 编程的优化，很多方法在计算过程中属于 lazy 模式，操作是延迟计算的，需要等到有 Action 操作的时候，才会真正触发运算，所以需要一个显性启动支持。foreach(println)是打印的一个调用方法，打印出数据内容。

具体打印结果如下：

```
(cool,2)
(spark,3)
(hadoop,1)
(bad,2)
(good,2)
(mllib,2)
```

2.2.2　MapReduce 实现 wordCount

可以与 Spark 对比的是 MapReduce 中 wordCount 程序的设计，如程序 2-4 所示。笔者只是为了做对比，如果有读者想深入学习 MapReduce 程序设计，请参考相关的专业图书。

代码位置：//SRC//C02//wordCount.java

程序 2-4　MapReduce 中 wordCount 程序的设计

```
import java.io.IOException;
import java.util.Iterator;
import java.util.StringTokenizer;
import org.apache.hadoop.fs.Path;
import org.apache.hadoop.io.IntWritable;
import org.apache.hadoop.io.LongWritable;
import org.apache.hadoop.io.Text;
import org.apache.hadoop.mapred.FileInputFormat;
import org.apache.hadoop.mapred.FileOutputFormat;
import org.apache.hadoop.mapred.JobClient;
```

```
import org.apache.hadoop.mapred.JobConf;
import org.apache.hadoop.mapred.MapReduceBase;
import org.apache.hadoop.mapred.Mapper;
import org.apache.hadoop.mapred.OutputCollector;
import org.apache.hadoop.mapred.Reducer;
import org.apache.hadoop.mapred.Reporter;
import org.apache.hadoop.mapred.TextInputFormat;
import org.apache.hadoop.mapred.TextOutputFormat;

public class wordCount {

  public static class Map extends MapReduceBase implements
    //创建固定 Map 格式
    Mapper<LongWritable, Text, Text, IntWritable> {
    //创建数据1格式
    private final static IntWritable one = new IntWritable(1);
    //设定输入格式
    private Text word = new Text();
    //开始 Map 程序
    public void map(LongWritable key, Text value,
          OutputCollector<Text, IntWritable> output, Reporter reporter)
          throws IOException {
      //将传入值定义为 line
      String line = value.toString();
      //格式化传入值
      StringTokenizer tokenizer = new StringTokenizer(line);
      //开始迭代计算
      while (tokenizer.hasMoreTokens()) {
        //设置输入值
        word.set(tokenizer.nextToken());
        //写入输出值
        output.collect(word, one);
      }
    }
  }

  public static class Reduce extends MapReduceBase implements
    //创建固定 Reduce 格式
    Reducer<Text, IntWritable, Text, IntWritable> {
    //开始 Reduce 程序
    public void reduce(Text key, Iterator<IntWritable> values,
             OutputCollector<Text, IntWritable> output, Reporter reporter)
             throws IOException {
      //初始化计算器
      int sum = 0;
```

```
        //开始迭代计算输入值

        while (values.hasNext()) {
          sum += values.next().get();           //计数器计算
        }
        //创建输出结果
        output.collect(key, new IntWritable(sum));
      }
    }
    //开始主程序
    public static void main(String[] args) throws Exception {
      //设置主程序
      JobConf conf = new JobConf(wordCount.class);
      //设置主程序名
      conf.setJobName("wordcount");
      //设置输出 Key 格式
      conf.setOutputKeyClass(Text.class);
      //设置输出 Value 格式
      conf.setOutputValueClass(IntWritable.class);
      //设置主 Map
      conf.setMapperClass(Map.class);
      //设置第一次 Reduce 方法
      conf.setCombinerClass(Reduce.class);
      //设置主 Reduce 方法
      conf.setReducerClass(Reduce.class);
      //设置输入格式
      conf.setInputFormat(TextInputFormat.class);
      //设置输出格式
      conf.setOutputFormat(TextOutputFormat.class);
      //设置输入文件路径
      FileInputFormat.setInputPaths(conf, new Path(args[0]));
      //设置输出路径

      FileOutputFormat.setOutputPath(conf, new Path(args[1]));
      //开始主程序
      JobClient.runJob(conf);
    }
  }
```

Scala 于 2001 年由瑞士洛桑联邦理工学院（EPFL）编程方法实验室研发，由 Martin Odersky（马丁·奥德斯基）创建。Spark 采用 Scala 程序设计，能够简化程序编写的过程与步骤，同时在后端对编译后的文件有较好的优化，更容易表达思路。这些都是目前使用 Java 语言所欠缺的。

实际上，Scala 在使用中主要进行整体化考虑，而非 Java 的面向对象的思考方法，这一点请读者注意。

2.3 小 结

Intellij IDEA 是目前常用的 Java 和 Scala 程序设计以及框架处理软件，拥有较好的自动架构、辅助编码和智能控制等功能，有取代 Eclipse 的趋势。

在 Windows 上对 Spark 进行操作解决了大部分学习人员欠缺大数据运行环境的烦恼，便于操作和研究基本算法，这对真实使用大数据集群进行数据处理有很大的帮助。在后面的章节中，笔者将着重介绍基于 Windows 单机环境下 Spark 的数据处理方法。这种在单机环境下相应程序的编写与集群环境下运行时的程序编写基本相同，部分程序稍作修改即可运行在集群中。

本章介绍了如何安装和上手运行一个 Spark 3.0 的程序，下一章将详解 Spark 3.0 ML 包的主要使用格式 DataFrame。

第3章 DataFrame详解

本章将着重介绍 Spark 3.0 最重要的核心部分：DataFrame。Spark 的运行和计算都慢慢转向围绕 DataFrame 来进行。DataFrame 可以看成一个简单的“数据矩阵（数据框）”或“数据表”，对其进行操作也只需要调用有限的数组方法即可。它与一般“表”的区别在于：DataFrame 是分布式存储，可以更好地利用现有的云数据平台，并在内存中运行。

本章将详细介绍 DataFrame 的基本原理，尽量使用图形方式讲解。同时还将与编程实战结合起来介绍 DataFrame 的常用方法，为后续的各种编程操作奠定基础。

本章主要知识点：

- 认识 DataFrame，并了解它的重要性
- DataFrame 的工作原理
- DataFrame 的常用方法

3.1 DataFrame是什么

DataFrame 实质上是存储在不同节点计算机中的一张关系型数据表。分布式存储最大的好处是：可以让数据在不同的工作节点（worker）上并行存储，以便在需要数据的时候并行运算，从而获得最迅捷的运行效率。

3.1.1 DataFrame与RDD的关系

RDD（Resilient Distributed Datasets）是一种分布式弹性数据集，将数据分布存储在不同节点的计算机内存中进行存储和处理。每次 RDD 对数据处理的最终结果都分别存放在不同的

节点中。Resilient 是弹性的意思，在 Spark 中指的是数据的存储方式，即数据在节点中进行存储时候既可以使用内存也可以使用磁盘。这为使用者提供了很大的自由，提供了不同的持久化和运行方法，是一种有容错机制的特殊数据集合。

RDD 可以说是 DataFrame 的前身，DataFrame 是 RDD 的发展和拓展。RDD 中可以存储任何单机类型的数据，但是直接使用 RDD 在字段需求明显时存在算子难以复用的缺点。例如，假设 RDD 存的数据是一个 Person 类型的数据，现在要求出所有年龄段（10 年一个年龄段）中最高的身高与最大的体重。使用 RDD 接口时，因为 RDD 不了解其中存储的数据的具体结构，需要用户自己去写一个很特殊化的聚合函数来完成这样的功能。那么如何改进才可以让 RDD 了解其中存储的数据包含哪些列并在列上进行操作呢？

根据谷歌上的解释，DataFrame 是表格或二维数组状结构，其中每一列包含对一个变量的度量，每一行包含一个案例，类似于关系型数据库中的表或者 R/Python 中的 dataframe，可以说是一个具有良好优化技术的关系表。

有了 DataFrame，框架会了解 RDD 中的数据具有什么样的结构和类型，使用者可以说清楚自己对每一列进行什么样的操作，这样就有可能实现一个算子，用在多列上比较容易进行算子的复用。甚至，在需要同时求出每个年龄段内不同的姓氏有多少个的时候使用 RDD 接口，在之前的函数需要很大的改动才能满足需求时使用 DataFrame 接口，这时只需要添加对这一列的处理，原来的 max/min 相关列的处理都可保持不变。

在 Apache Spark 里，DataFrame 优于 RDD，但也包含了 RDD 的特性。RDD 和 DataFrame 的共同特征是不可变性、内存运行、弹性、分布式计算能力，即 DataFrame = RDD[Row] + shcema。

这里尽量避免理论化探讨，尽量讲解得深入一些，毕竟这本书是以实战为主的。

分布式数据的容错性处理是涉及面较广的问题，较为常用的方法主要是两种：

- 检查节点：对每个数据节点逐个进行检测，随时查询每个节点的运行情况。这样做的好处是便于操作主节点，随时了解任务的真实数据运行情况；坏处是系统进行的是分布式存储和运算，节点检测的资源耗费非常大，而且一旦出现问题，就需要将数据在不同节点中搬运，反而更加耗费时间，从而极大地拉低了执行效率。
- 更新记录：运行的主节点并不总是查询每个分节点的运行状态，而是将相同的数据在不同的节点（一般情况下是 3 个）中进行保存，各个工作节点按固定的周期更新在主节点中运行的记录，如果在一定时间内主节点查询到数据的更新状态超时或者有异常，就在存储相同数据的不同节点上重新启动数据计算工作。其缺点在于数据量过大时，更新数据和重新启动运行任务的资源耗费也相当大。

3.1.2 DataFrame 理解及特性

DataFrame 是一个不可变的分布式数据集合，与 RDD 不同，数据被组织成命名列，就像关系数据库中的表一样，即具有定义好的行、列的分布式数据表，如图 3-1 所示。

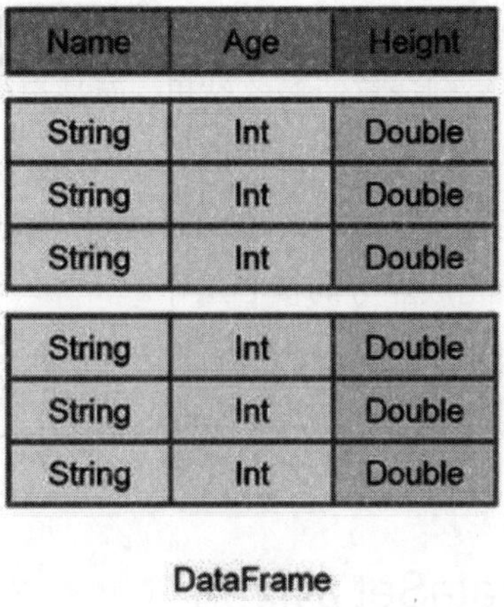

Name	Age	Height
String	Int	Double
String	Int	Double
String	Int	Double
String	Int	Double
String	Int	Double
String	Int	Double

DataFrame

图 3-1 DataFrame 具体展现

DataFrame 背后的思想是允许处理大量结构化数据。DataFrame 包含带 schema 的行。schema 是数据结构的说明，意为模式。schema 是 Spark 的 StructType 类型，由一些域（StructFields）组成，域中明确了列名、列类型以及一个布尔类型的参数（表示该列是否可以有缺失值或 null 值），最后还可以可选择地明确该列关联的元数据（在机器学习库中，元数据是一种存储列信息的方式，平常很少用到）。schema 提供了详细的数据结构信息，例如包含哪些列、每列的名称和类型各是什么。DataFrame 由于其表格格式而具有其他元数据，这使得 Spark 可以在最终查询中运行某些优化。

使用一行代码即可输出 schema，代码如下：

```
df.printSchema()
//看看 schema 到底长什么样子
```

DataFrame 的另外一大特性是延迟计算（懒惰执行），即一个完整的 DataFrame 运行任务被分成两部分：Transformation 和 Action（转化操作和行动操作）。转化操作就是从一个 RDD 产生一个新的 RDD，行动操作就是进行实际的计算。只有当执行一个行动操作时，才会执行并返回结果。下面仍然以 RDD 这种数据集解释一下这两种操作。

1. Transformation

Transformation 用于创建 RDD。在 Spark 中，RDD 只能使用 Transformation 创建，同时 Transformation 还提供了大量的操作方法，例如 map、filter、groupBy、join 等。除此之外，还可以利用 Transformation 生成新的 RDD，在有限的内存空间中生成尽可能多的数据对象。有一点要牢记，无论发生了多少次 Transformation，在 RDD 中真正数据计算运行的操作都不可能真正运行。

2. Action

Action 是数据的执行部分，通过执行 count、reduce、collect 等方法真正执行数据的计算部分。实际上，RDD 中所有的操作都是使用 Lazy 模式（一种程序优化的特殊形式）进行的。运行在编译的过程中，不会立刻得到计算的最终结果，而是记住所有的操作步骤和方法，只有显式地遇到启动命令才进行计算。

这样做的好处在于大部分优化和前期工作在 Transformation 中已经执行完毕，当 Action 进行工作时只需要利用全部资源完成业务的核心工作。

Spark SQL 可以使用其他 RDD 对象、parquet 文件、json 文件、hive 表以及通过 JDBC 连接到其他关系型数据库作为数据源，来生成 DataFrame 对象。它还能处理存储系统 HDFS、Hive 表、MySQL 等。

3.1.3 DataFrame 与 DataSet 的区别

DataSet 是 DataFrame API 的一个扩展，也是 Spark 最新的数据抽象。DataFrame 是 Dataset 的特列（DataFrame=Dataset[Row]），所以可以通过 as 方法将 DataFrame 转换为 Dataset。Row 是一个类型，跟 Car、Person 这些类型一样。DataSet 是强类型的，比如可以有 Dataset[Car]、Dataset[Person]。

在结构化 API 中，DataFrame 是非类型化（untyped）的，Spark 只在运行（runtime）的时候检查数据的类型是否与指定的 schema 一致；Dataset 是类型化（typed）的，在编译（compile）的时候就检查数据类型是否符合规范。

DataFrame 和 Dataset 实质上都是一个逻辑计划，并且是懒加载的，都包含着 scahema 信息，只有到数据要读取的时候才会对逻辑计划进行分析和优化，并最终转化为 RDD。二者的 API 是统一的，所以都可以采用 DSL 和 SQL 方式进行开发，都可以通过 SparkSession 对象进行创建或者通过转化操作得到。

提示：在 Scala API 中，DataFrame 是 Dataset[Row]的类型别名。在 Java API 中，用户使用数据集<Row>来表示数据流。

3.1.4 DataFrame 的缺陷

如果有不同的需求，DataFrame 和 DataSet 是可以相互转化的，即 df.as[ElementType]可以把 DataFrame 转化为 DataSet，ds.toDF()可以把 DataSet 转化为 DataFrame。DataFrame 编译时不能进行类型转化安全检查，运行时才能确定是否有问题，如果结构未知，则不能操作数据。对于对象支持不友好（相对而论），RDD 内部数据直接以 Java 对象存储，DataFrame 内存存储的是 row 对象，而不能是自定义对象。

有一些特殊情况需要将 DataFrame 转化为 RDD，比如解决一些使用 SQL 难以处理的统计分析、将数据写入 MySQL 等。

3.2 DataFrame 工作原理

DataFrame 是一个开创性的基于分布式的数据处理模式，脱离了单纯的 MapReduce 的分布设定、整合、处理模式，而采用一个新颖的、类似一般数组或集合的处理模式，对存储在分布式存储空间上的数据进行操作。

3.2.1 DataFrame 工作原理图

DataFrame 可以看成一个分布在不同节点中的分布式数据集，并将数据以数据块（Block）的形式存储在各个节点的计算机中，整体布局如图 3-2 所示。DataFrame 主要用于进行结构化数据的处理，提供一种基于 RDD 之上的全新概念，但是底层还是基于 RDD 的，因此这一部分基本上和 RDD 是一样的。

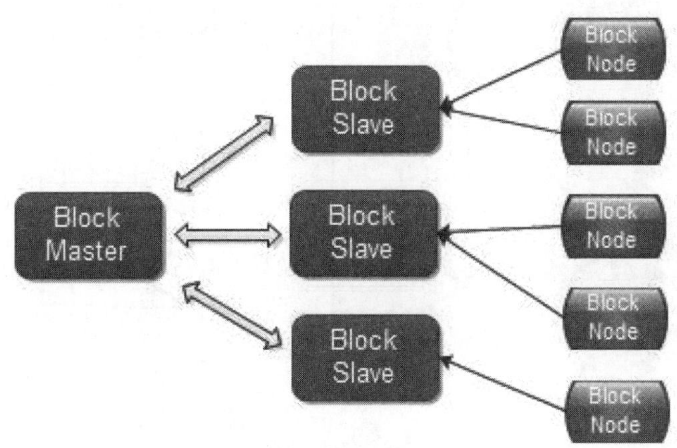

图 3-2　DataFrame 数据块存储方式

从图 3-2 可以看出，每个 BlockMaster 管理着若干个 BlockSlave，而每个 BlockSlave 又管理着若干个 BlockNode。当 BlockSlave 获得了每个 Node 节点的地址时，又反向 BlockMaster 注册每个 Node 的基本信息，这样会形成分层管理。

对于某个节点中存储的数据，如果使用频率较多，BlockMaster 就会将其缓存在自己的内存中，如果以后需要调用这些数据，就可以直接从 BlockMaster 中读取。对于不再使用的数据，BlcokMaster 会向 BlockSlave 发送一组命令予以销毁。

对于 DataFrame 来说，它有一个比 RDD 好的地方，就是可以使用对外内存，使内存的使用不会过载，比 RDD 有更好的执行性能。

3.2.2 宽依赖与窄依赖

宽依赖（wide dependency，也称 shuffle dependency）与窄依赖（narrow dependency）是 Spark 计算引擎划分 Stage 的根源所在，遇到宽依赖就划分为多个 Stage，并针对每个 Stage 提

交一个 TaskSet。这两个概念对于理解 Spark 的底层原理非常重要，所以做业务时不管是使用 RDD 还是 DataFrame，都需要好好理解它们。

注意，Transformation 在生成 RDD 的时候，生成的是多个 RDD，但不是同时一次性生成。这里的 RDD 生成方式并不是一次性生成多个，而是由上一级的 RDD 依次往下生成，我们将其称为依赖。

RDD 依赖生成的方式不尽相同，在实际工作中一般由两种方式生成：宽依赖和窄依赖，两者的区别如图 3-3 所示。

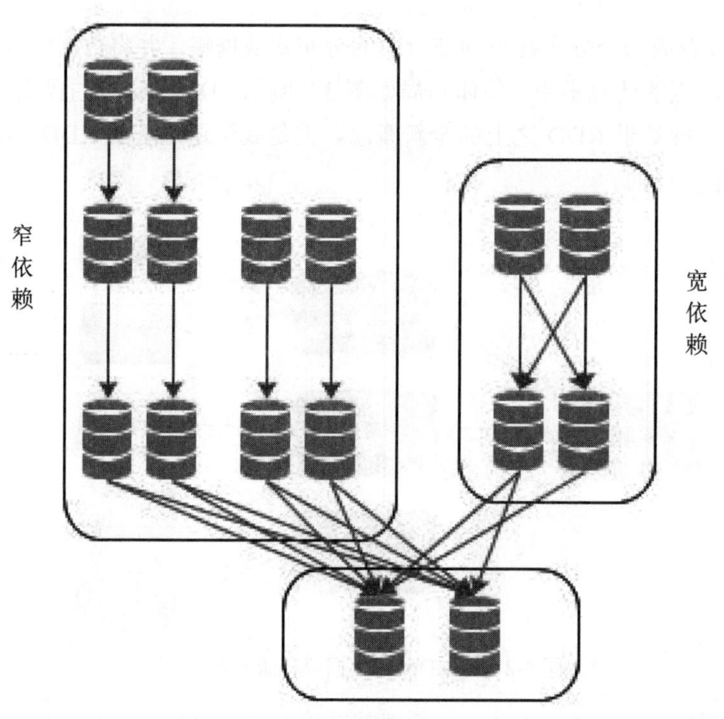

图 3-3　宽依赖和窄依赖

RDD 作为一个数据集合，可以在数据集之间逐次生成。如果每个 RDD 的子 RDD 只有一个父 RDD，而同时父 RDD 也只有一个子 RDD 时，那么这种生成关系称为窄依赖，如窄依赖的矩形框里所示。如果多个 RDD 相互生成，就称为宽依赖，如宽依赖的矩形框里所示。

宽依赖和窄依赖在实际应用中有着不同的作用。窄依赖便于在单一节点上按次序执行任务，使任务可控。宽依赖更多的是考虑任务的交互和容错性。这里没有好坏之分，具体选择哪种方式需要根据具体情况处理。宽依赖往往对应着 shuffle（模拟扑克牌中的洗牌操作）操作，需要在运行过程中将同一个父 RDD 的分区传入不同的子 RDD 分区中，中间可能涉及多个节点之间的数据传输；窄依赖的每个父 RDD 的分区只会传入一个子 RDD 分区中，通常可以在一个节点内完成。

3.3 DataFrame 应用 API 和操作详解

本书的目的是教会读者在实际运用中使用 DataFrame 去解决相关问题，因此建议读者更多地将注重点转移到真实的程序编写上。后面的程序将使用 Scala 2.12 来实现。

本节将带领大家学习 DataFrame 的各种 API 用法，虽然内容有点多，但是读者至少要对这些 API 有个印象，以便在后文进行数据分析需要查询某个具体方法时再回头查看。

3.3.1　创建 DataFrame

如之前的 wordCount.scala 程序所示，Spark 3 推荐使用 SparkSession 来创建 Spark 会话，然后利用使用 SparkSession 创建出来的 Application 来创建 DataFrames。

```
import org.apache.spark.sql.SparkSession

val spark = SparkSession
  .builder()                                            //创建 Spark 会话
  .appName("Spark SQL basic example")                   //设置会话名称
  .master("local")                                      //设置本地模式
  .config("spark.some.config.option", "some-value")  //设置相关配置
  .getOrCreate()                                        //创建会话变量
```

对于所有的 Spark 功能，SparkSession 类都是入口，所以创建基础的 SparkSession 只需要使用 SparkSession.builder()。使用 SparkSession 时，应用程序能够从现存的 RDD、Hive table 或者 Spark 数据源里面创建 DataFrame，也可以直接从数据源里读成 DataFrame 的格式。

代码位置：//SRC//C03//createDataFrame.scala

程序 3-1　createDataFrame 方法

```
import org.apache.spark.sql._
import org.apache.spark.sql.types._
val sparkSession = new org.apache.spark.sql.SparkSession(sc)

val schema =
  StructType(
    StructField("name", StringType, false) ::
    StructField("age", IntegerType, true) :: Nil)

val people =
  sc.textFile("examples/src/main/resources/people.txt").map(
    _.split(",")).map(p => Row(p(0), p(1).trim.toInt))
val dataFrame = sparkSession.createDataFrame(people, schema)
dataFrame.printSchema
```

```
//root
//|-- name: string (nullable = false)
//|-- age: integer (nullable = true)

dataFrame.createOrReplaceTempView("people")
sparkSession.sql("select name from people").collect.foreach(println)
```

（1）第一种方式：从上面代码中可以看到，createDataFrame 方法在使用时是借助于 SparkSession 会话环境进行工作的，因此需要对 Spark 会话环境变量进行设置。以上代码先从一个文件里创建一个 RDD 再使用 createDataFrame 方法，其中第一个参数是 RDD、第二个参数 schema 是上面定义的 DataFrame 的字段数据类型等信息。

（2）第二种方式：使用 toDF()函数将此强类型数据集合转换为带有重命名列的通用 DataFrame。这在将元组的 RDD 转换为具有有意义名称的 DataFrame 时非常方便。

```
import spark.implicits._
val rdd: RDD[(Int, String)] = ...
rdd.toDF()  //这里是一个隐式转换，将 RDD 变成列名为_1、_2的 DataFrame
rdd.toDF("id", "name")      //将 RDD 变成列名为"id", "name"的 DataFrame,
                            //需要添加结构信息并加上列名
```

提示：对 DataFrame、DataSet 和 RDD 进行转换需要 import spark.implicits._ 这个包的支持。

（3）第三种方式：DataFrame 的数据来源可以多种多样，既可以通过手写数据，也可以从 csv、json 等类型的文件加载，还可以从 MySQL、Hive 等存储数据表导入数据。包括 Array、Seq 数据格式存储的数据、稀疏向量、稠密向量的特征列，以及含有缺失值的列等都可以创建出来 DataFrame。

代码位置：//SRC//C03//createDataFrame2.scala

程序 3-2 wordCount 程序的一部分

```
import org.apache.spark.sql.{DataFrame, Dataset, SparkSession}
object wordCount {
  def main(args: Array[String]): Unit = {
    val spark = SparkSession           //创建 Spark 会话
      .builder
      .master("local")                 //设置本地模式
      .appName("wordCount")            //设置会话名称
      .getOrCreate()                   //创建会话变量
    val data = spark.read.text("c://wc.txt")         //读取文件为 DataFrame 格式
```

这里先创建了一个 SparkSession()，目的是创建一个会话变量实例，告诉系统开始 Spark 计算。之后的 master("local")启动了本地化运算，appName("wordCount")用于设置本程序名称。getOrCreate()的作用是创建环境变量实例，准备开始任务。spark.read.text("c://wc.txt")的作用是读取文件，这里的文件在 C 盘上，因此路径目录为 c://wc.txt。

提示：DataFrame 的每一条记录都是 Row 类型的。Spark 用列表达式操作 Row 对象来生成计算数据。DataFrame API 在 Scala、Java、Python 和 R 中可用。在 Scala 和 Java 中，DataFrame 由行数据集表示。在 Scala API 中，DataFrame 只是 Dataset [Row]的类型别名。在 Java API 中，用户需要使用 Dataset 来表示 DataFrame。

```
val df = spark.read.format("csv")// "CSV" 可以更换为其他格式，如json
```

除此之外，上述代码也可以创建不同格式的 DataFrame。另外，SparkSession 的 sql 函数使应用程序能够以编程方式运行 SQL 查询，并将结果作为 DataFrame，代码如下：

```
val sqlDF = spark.sql("SELECT * FROM people")
sqlDF.show()
//+----+-------+
//| age|   name|
//+----+-------+
//|null|Michael|
//|  30|   Andy|
//|  19| Justin|
//+----+-------+
```

建议读者掌握以下两个小函数，以便于开发和测试。

```
//查看字段属性，打印 DataFrame 的 Schema 信息
df.printSchema()
//root
//|-- name: string (nullable = false)
//|-- age: integer (nullable = true)
DF.show()
//默认以表格形式展现 DataFrame 数据集的前20行数据，字符串类型数据长度超过20个字符将会被截
//断。需要控制显示的数据条数和字符串截取显示情况时，可以使用带有不同参数的 show 方法
//+----+-------+
//| age|   name|
//+----+-------+
//|null|Michael|
//|  30|   Andy|
//|  19| Justin|
//+----+-------+
```

3.3.2　提前计算的 cache 方法

cache 方法的作用是将数据内容进行计算并保存在计算节点的内存中。这个方法针对的是 Spark 的 Lazy 数据处理模式。这也是 DataFrame 的基本操作之一。

在 Lazy 模式中，数据在编译和未使用时是不进行计算的，而仅仅保存存储地址，只有在 Action 方法到来时才正式计算。这样做的好处在于可以极大地减少存储空间，从而提高利用率。若必须要求数据进行计算，则需要使用 cache 方法，如程序 3-3 所示。

代码位置：//SRC//C03//CacheTest.scala

程序 3-3　cache 方法

```
import org.apache.spark.sql.SparkSession
object CacheTest {
  def main(args: Array[String]): Unit = {
    val spark = SparkSession
      .builder()                              //创建 Spark 会话
      .appName("Spark SQL basic example")//设置会话名称
      .master("local")                        //设置本地模式
      .getOrCreate()                          //创建会话变量
    val rdd = spark.sparkContext.parallelize(Array(1,2,3,4))
    import spark.implicits._
    val df = rdd.toDF("id")
    val df2 = df.filter("id>3")
    println(df2)                                      //打印结果
    println("----------------")                       //分隔符
    println(df2.cache().show())                       //打印结果
  }
}
```

这里分隔符分隔了相同的数据，分别是未使用 cache 方法进行处理的数据和使用 cache 方法进行处理的数据，其结果如下：

```
[id: int]
----------------
+---+
| id|
+---+
|  4|
+---+
```

从结果中可以看到，第一行打印结果是一个 DataFrame 数据格式，第二行打印结果是真正的数据结果。

说明：除了使用 cache 方法外，DataFrame 还有采用迭代形式打印数据的专用方法，具体参见程序 3-4。

代码位置：//SRC//C03//CacheTest2.scala

程序 3-4　采用迭代形式打印数据

```
import org.apache.spark.sql.SparkSession

object CacheTest2 {
  def main(args: Array[String]): Unit = {
```

```
    val spark = SparkSession
      .builder()                              //创建 Spark 会话
      .appName("Spark SQL basic example")//设置会话名称
      .master("local")                        //设置本地模式
      .getOrCreate()                          //创建会话变量
    val rdd = spark.sparkContext.parallelize(Array(1,2,3,4))
    import spark.implicits._
    val df = rdd.toDF("id")
    df.foreach(row=>println(row))          //打印每行
  }
}
```

arr.foreach(row=>println(row))是一个专门用来打印未进行 Action 操作的数据的专用方法，可以对 DataFrame 中的数据一条一条地进行处理。

3.3.3 用于列筛选的 select 和 selectExpr 方法

select 和 selectExpr 方法用于把 DataFrame 中的某些列筛选出来。其中，select 用来选择某些列出现在结果集中，结果作为一个新的 DataFrame 返回，使用方法如程序 3-5 所示。

代码位置：//SRC//C03//select.scala

程序 3-5 select 方法

```
import org.apache.spark.sql.SparkSession
object select {
  def main(args: Array[String]): Unit = {
    val spark = SparkSession
      .builder()                              //创建 Spark 会话
      .appName("Spark SQL basic example")   //设置会话名称
      .master("local")                        //设置本地模式
      .getOrCreate()                          //创建会话变量
    val rdd = spark.sparkContext.parallelize(Array(1,2,3,4))
    import spark.implicits._
    val df = rdd.toDF("id")
    df.select("id").show()                  //选择“id”列
  }
}
```

打印结果如下：

```
+---+
| id|
+---+
|  1|
|  2|
|  3|
```

```
|  4|
+---+
```

如果是 selectExpr 方法，则代码如下：

```
import org.apache.spark.sql.SparkSession

object select {
  def main(args: Array[String]): Unit = {
    val spark = SparkSession
      .builder()                                //创建 Spark 会话
      .appName("Spark SQL basic example")       //设置会话名称
      .master("local")                          //设置本地模式
      .getOrCreate()                            //创建会话变量
    val rdd = spark.sparkContext.parallelize(Array(1,2,3,4))
    import spark.implicits._
    val df = rdd.toDF("id")
    df.selectExpr("id as ID").show()            //设置了一个别名 ID
  }
}
```

具体结果请读者自行运行查看。

3.3.4 DataFrame 的收集行 collect 方法

collect 方法将已经存储的 DataFrame 数据从存储器中收集回来，并返回一个数组，包括 DataFrame 集合所有的行，其源码如下：

```
def collect(): Array[T]
```

Spark 的数据是分布式存储在集群上的，如果想获取一些数据在本机 Local 模式上操作，就需要将数据收集到 driver 驱动器中。collect()返回 DataFrame 中的全部数据，并返回一个 Array 对象，代码如程序 3-6 所示。

代码位置：//SRC//C03//collect.scala

程序 3-6　collect 方法

```
import org.apache.spark.sql.SparkSession

object collect {
  def main(args: Array[String]): Unit = {
    val spark = SparkSession
      .builder()                                //创建 Spark 会话
      .appName("Spark SQL basic example")       //设置会话名称
      .master("local")                          //设置本地模式
```

```
      .getOrCreate()                          //创建会话变量
    val rdd = spark.sparkContext.parallelize(Array(1,2,3,4))
    import spark.implicits._
    val df = rdd.toDF("id")
    val arr =  df.collect()
    println(arr.mkString("Array(", ", ", ")"))
  }
}
```

注意：将数据收集到驱动器中，尤其是当数据集很大或者分区数据集很大时，很容易让驱动器崩溃。数据收集到驱动器中进行计算，就不是分布式并行计算了，而是串行计算，会更慢。所以，除了查看小数据，一般不建议使用。

除此之外，DataFrame 中还有一个 collectAsList()方法。其返回一个 Java 类型的数组，包含 DataFrame 集合所有的行，使用方法如程序 3-7 所示。

代码位置：//SRC//C03//collectAsList.scala

程序 3-7　collectAsList 方法

```
import org.apache.spark.sql.SparkSession

object collect {
  def main(args: Array[String]): Unit = {
    val spark = SparkSession
      .builder()                              //创建 Spark 会话
      .appName("Spark SQL basic example")//设置会话名称
      .master("local")                        //设置本地模式
      .getOrCreate()                          //创建会话变量
    val rdd = spark.sparkContext.parallelize(Array(1,2,3,4))
    import spark.implicits._
    val df = rdd.toDF("id")
    val arr =  df.collectAsList()
    println(arr)                              //返回类型为 List (Java)
  }
}
```

3.3.5　DataFrame 计算行数 count 方法

count 方法用来计算数据集 DataFrame 中行的个数，返回 DataFrame 集合的行数，使用方法如程序 3-8 所示。

代码位置：//SRC//C03//count.scala

程序 3-8　count 方法

```
import org.apache.spark.sql.SparkSession
```

```
object count {
  def main(args: Array[String]): Unit = {
    val spark = SparkSession
      .builder()                                 //创建 Spark 会话
      .appName("Spark SQL basic example")        //设置会话名称
      .master("local")                           //设置本地模式
      .getOrCreate()                             //创建会话变量
    val rdd = spark.sparkContext.parallelize(Array(1,2,3,4))
    import spark.implicits._
    val df = rdd.toDF("id")
    println(df.count())                          //计算行数
  }
}
```

最终结果如下：

```
4
```

3.3.6 DataFrame 限制输出 limit 方法

limit()限制输出，只留取 Top_N，不是 Action 操作，具体使用方法如程序 3-9 所示。

代码位置：//SRC//C03//limit.scala

程序 3-9 limit 方法

```
import org.apache.spark.sql.SparkSession

object count {
  def main(args: Array[String]): Unit = {
    val spark = SparkSession
      .builder()                                 //创建 Spark 会话
      .appName("Spark SQL basic example")        //设置会话名称
      .master("local")                           //设置本地模式
      .getOrCreate()                             //创建会话变量
    val rdd = spark.sparkContext.parallelize(Array(1,2,3,4))
    import spark.implicits._
    val df = rdd.toDF("id")
    println(df.limit(2).show())                  //限制输出
  }
}
```

打印结果如下：

```
+---+
| id|
+---+
```

```
|  1|
|  2|
```

从打印结果可以看出，这里计算了前两个数据，限制了输出的行数。

3.3.7　除去数据集中重复项的 distinct 方法

distinct 方法的作用是去除数据集中的重复项，返回一个不包含重复记录的 DataFrame，并且只能根据所有列来进行行去重。该方法和 dropDuplicates 方法不传入指定字段时的结果相同，使用方法如程序 3-10 所示。

代码位置：//SRC//C03//distinct.scala

程序 3-10　distinct 方法

```
import org.apache.spark.sql.SparkSession

object distinct {
  def main(args: Array[String]): Unit = {
    val spark = SparkSession
      .builder()                                 //创建 Spark 会话
      .appName("Spark SQL basic example")        //设置会话名称
      .master("local")                           //设置本地模式
      .getOrCreate()                             //创建会话变量
    val rdd = spark.sparkContext.parallelize(Array(1,2,3,4,4,4,4,5,5,6))
                                                 //有重复项的
    import spark.implicits._
    val df = rdd.toDF("id")
    val df2 = df.distinct()                      //去重
    println(df2.show())
  }
}
```

打印结果如下：

```
+---+
| id|
+---+
|  1|
|  6|
|  3|
|  5|
|  4|
|  2|
+---+
```

3.3.8 过滤数据的 filter 方法

filter 方法是一个比较常用的方法，用来按照条件过滤数据集。如果想选择 DataFrame 中某列为大于或小于某某数据，就可以使用 filter 方法。对于多个条件，可以将 filter 方法写在一起。

filter 方法接收任意一个函数作为过滤条件。行过滤的逻辑是先创建一个判断条件表达式，根据表达式生成 true 或 false，然后过滤使表达式值为 false 的行。filter 方法的具体使用如程序 3-11 所示。

代码位置：//SRC//C03//filter.scala

程序 3-11 filter 方法

```
import org.apache.spark.sql.SparkSession

object fliter {
 def main(args: Array[String]): Unit = {
   val spark = SparkSession
     .builder()                              //创建 Spark 会话
     .appName("Spark SQL basic example")    //设置会话名称
     .master("local")                       //设置本地模式
     .getOrCreate()                         //创建会话变量
   val rdd = spark.sparkContext.parallelize(Array(1,2,3,4))
   import spark.implicits._
   val df = rdd.toDF("id")
   val df2 = df.filter("id>3")//过滤 id 列大于3的数据（行）或 _ >= 3
   println(df2.cache().show())                        //打印结果
 }
}
```

具体结果请读者自行验证。这里需要说明的是，“_ >= 3”采用的是 Scala 编程中的编程规范，_的作用是作为占位符标记所有传过来的数据。在此方法中，数组的数据（1,2,3,4）依次传进来替代了占位符。

3.3.9 以整体数据为单位操作数据的 flatMap 方法

flatMap 方法是对 DataFrame 中的数据集进行整体操作的一个特殊方法，因为其在定义时是针对数据集进行操作的，因此最终返回的也是一个数据集。flatMap 方法首先将函数应用于此数据集的所有元素，然后将结果展平，从而返回一个新的数据集。应用程序如程序 3-12 所示。

代码位置：//SRC//C03//flatMap.scala

程序 3-12 flatMap 方法

```
import org.apache.spark.sql.SparkSession
```

```
object flatmap {
  def main(args: Array[String]): Unit = {
    val spark = SparkSession
      .builder()                                   //创建 Spark 会话
      .appName("Spark SQL basic example")    //设置会话名称
      .master("local")                           //设置本地模式
      .getOrCreate()                             //创建会话变量
    val rdd =
spark.sparkContext.parallelize(Seq("hello!spark","hello!hadoop"))
    import spark.implicits._
    val df = rdd.toDF("id")
    val x = df.flatMap(x => x.toString().split("!")).collect()
    println(x.mkString("Array(", ", ", ")"))
  }
}
```

请读者参考下一节的 map 方法，对它们的操作结果做一个比较。

3.3.10　以单个数据为目标进行操作的 map 方法

map 方法可以对 DataFrame 数据集中的数据进行逐个操作。它与 flatMap 的不同之处是，flatMap 是将数据集中的数据作为一个整体去处理，之后再对其中的数据做计算；map 则是直接对数据集中的数据做单独处理。map 方法的使用方法如程序 3-13 所示。

代码位置：//SRC//C03//testMap.scala

程序 3-13　map 方法

```
import org.apache.spark.sql.SparkSession

object testMap {
  def main(args: Array[String]): Unit = {
    val spark = SparkSession
      .builder()                                   //创建 Spark 会话
      .appName("Spark SQL basic example")    //设置会话名称
      .master("local")                           //设置本地模式
      .getOrCreate()                             //创建会话变量
    val rdd = spark.sparkContext.parallelize(Seq("hello!spark",
"hello!hadoop"))
    import spark.implicits._
    val df = rdd.toDF("id")
    df.map(x => "str:"+x).show()
  }
}
```

提示：DataFrame 中有很多相似的方法和粗略的计算方法，需要读者细心地去挖掘。

3.3.11 分组数据的 groupBy 和 agg 方法

groupBy 方法是将传入的数据进行分组，依据是作为参数传入的计算方法。聚合操作调用的是 agg 方法，该方法有多种调用方式，一般与 groupBy 方法配合使用。在使用 groupBy 时，一般都是先分组再使用 agg 等聚合函数对数据进行聚合。groupBy+agg 的使用方法如程序 3-14 所示。

代码位置：//SRC//C03//groupBy.scala

程序 3-14 groupBy 方法

```
import org.apache.spark.sql.SparkSession

object groupBy {
  def main(args: Array[String]): Unit = {
    val spark = SparkSession
      .builder()                                    //创建 Spark 会话
      .appName("Spark SQL basic example")           //设置会话名称
      .master("local")                              //设置本地模式
      .getOrCreate()                                //创建会话变量
    val df = spark.read.json("./src/C03/people.json")
    df.groupBy("name").agg("age" -> "count").show()
  }
}
```

这里采用 groupBy+agg 的方法统计了 age 字段的条数。

在 GroupedData 的 API 中提供了 groupBy 之后的操作，比如：

- max(colNames: String*)方法：获取分组中指定字段或者所有的数字类型字段的最大值，只能作用于数字型字段。
- min(colNames: String*)方法：获取分组中指定字段或者所有的数字类型字段的最小值，只能作用于数字型字段。
- mean(colNames: String*)方法：获取分组中指定字段或者所有的数字类型字段的平均值，只能作用于数字型字段。
- sum(colNames: String*)方法：获取分组中指定字段或者所有的数字类型字段的和值，只能作用于数字型字段。
- count 方法：获取分组中的元素个数。

这些都等同于 agg 方法。

3.3.12　删除数据集中某列的 drop 方法

drop 方法从数据集中删除某列，然后返回 DataFrame 类型，使用方法如程序 3-15 所示。

代码位置：//SRC//C03//drop.scala

程序 3-15　drop 方法

```
import org.apache.spark.sql.SparkSession

object drop {
  def main(args: Array[String]): Unit = {
    val spark = SparkSession
      .builder()                                   //创建 Spark 会话
      .appName("Spark SQL basic example")          //设置会话名称
      .master("local")                             //设置本地模式
      .getOrCreate()                               //创建会话变量
    val df = spark.read.json("./src/C03/people.json")
    df.drop("age").show()                          //删除 age 列
  }
}
```

最终打印结果如下：

```
+-------+
|   name|
+-------+
|Michael|
|   Andy|
| Justin|
+-------+
```

这里也可以用通过 select 方法来实现列的删除，不过建议使用专门的 drop 方法来实现——规范又显而易见，对于维护工作来最有效率的。

3.3.13　随机采样方法和随机划分方法

随机采样（sample 方法）是 DataFrame 中一个较为重要的数据处理方法，按照有放回或无放回的随机抽样方法抽取 DataFrame 中指定百分比的行作为样本，生成新的 DataFrame。

代码位置：//SRC//C03//sample.scala

程序 3-16　sample 方法

```
import org.apache.spark.sql.SparkSession

object sample {
```

```
  def main(args: Array[String]): Unit = {
    val spark = SparkSession
      .builder()                                 //创建 Spark 会话
      .appName("Spark SQL basic example")    //设置会话名称
      .master("local")                           //设置本地模式
      .getOrCreate()                             //创建会话变量
    val df = spark.read.json("./src/C03/employees.json")
    df.sample(withReplacement = false,fraction = 0.8,seed = 10).show()
  }
}
```

打印结果如下：

```
//原结果，采样前
+-------+------+
|   name|salary|
+-------+------+
|Michael|  3000|
|   Andy|  4500|
| Justin|  3500|
|  Berta|  4000|
+-------+------+
//采样后结果
+----+------+
|name|salary|
+----+------+
|Andy|  4500|
+----+------+
```

从结果中可以看出，sample 方法主要是对传入的数据进行随机采样处理。第一个参数表示是否放回（False 表示不放回）。第二个参数表示采样比例。需要注意的是，结果不一定与比例的数值完全一致。第三个参数表示设定一个 seed，若 seed 不变，则每次运行得出的结果都一样。

除此之外，randomSplit 方法会按照传入的权重随机将一个 DataFrame 分为多个 DataFrame。传入 randomSplit 的数组有多少个权重，最终就会生成多少个 DataFrame，这些权重的加倍和应该为 1，否则将被标准化。这常用在机器学习生成训练集、测试集、验证集的时候。同随机采样一样，需要指定随机的 seed。

代码位置：//SRC//C03//randomSplit.scala

程序 3-17　randomSplit 方法

```
import org.apache.spark.sql.SparkSession

object randomSplit {
```

```
  def main(args: Array[String]): Unit = {
    val spark = SparkSession
      .builder()                              //创建 Spark 会话
      .appName("Spark SQL basic example")     //设置会话名称
      .master("local")                        //设置本地模式
      .getOrCreate()                          //创建会话变量
    val df = spark.range(15).toDF()
    val dataFrames = df.randomSplit(Array(0.25, 0.75), seed = 10)//按比例划分
    dataFrames(0).show()
    dataFrames(1).show()
  }
}
```

3.3.14　排序类型操作的 sort 和 orderBy 方法

sort 方法也是一个常用的排序方法，主要功能是对已有的 DataFrame 重新排序，并将重新排序后的数据生成一个新的 DataFrame，其源码如下：

```
def sort(sortCol: String, sortCols: String*): Dataset[T]
```

其中，sort 方法主要接收一个或多个列表达式或列 string 作为参数。sort 方法默认是升序排列，可加“-”表示降序排序。

代码位置：//SRC//C03//sort.scala

程序 3-18　sort 方法

```
import org.apache.spark.sql.SparkSession

object sort {
  def main(args: Array[String]): Unit = {
    val spark = SparkSession
      .builder()                              //创建 Spark 会话
      .appName("Spark SQL basic example")     //设置会话名称
      .master("local")                        //设置本地模式
      .getOrCreate()                          //创建会话变量
    val df = spark.read.json("./src/C03/people.json")
    df.sort(df("age").desc).show()            //降序
  }
}
```

其实 orderBy()是 sort()的别名，所以它们所实现的功能是一样的。也可以对字符串类型的数据进行同样的操作。

最终显示结果如下：

```
//结果展示
+----+-------+
```

```
| age|   name|
+----+-------+
|  30|   Andy|
|  19| Justin|
|null|Michael|
+----+-------+
```

注意：可以使用 asc_nulls_first、desc_nulls_first、asc_nulls_last、desc_nulls_last 来指明排序结果中缺失值在前还是在后。

3.3.15 DataFrame 和 Dataset 以及 RDD 之间的相互转换

我们已经知道了 DataFrame = RDD[Row] + shcema 以及 DataFrame=Dataset[Row]，所以它们的关系是明确的。有些时候需要把它们做相应的转换处理，如程序 3-19 所示。

代码位置：//SRC//C03//testds_df_rdd.scala

程序 3-19 testds_df_rdd 方法

```
import org.apache.spark.sql.SparkSession

object testds_df_rdd {
  def main(args: Array[String]): Unit = {
    val spark = SparkSession
      .builder()                              //创建 Spark 会话
      .appName("Spark SQL basic example")     //设置会话名称
      .master("local")                        //设置本地模式
      .getOrCreate()                          //创建会话变量
    import spark.implicits._
    val df = spark.read.json("./src/C03/people.json")
    val rdd = spark.sparkContext.parallelize(Array(1,2,3,4))
    case class Person(name:String,age:Long)
    val rdd1 = df.rdd                         //df->rdd
    val ds = df.as[Person]                    //df->ds
    val df1 = ds.toDF()                       //ds->df
    val rdd2 = ds.rdd                         //df->rdd
    val df2 = rdd.toDF("id")                  //rdd->df
    val ds2 = rdd.map(x=>Person(x.toString,x)).toDS()          //rdd->ds
  }
}
```

RDD、DataFrame 和 Dataset 的转换原则是：RDD 是最基础的数据类型，在向上转换时，需要添加必要的信息；DataFrame 在向上转换时，本身包含结构信息，只添加类型信息即可；DataSet 作为最上层的抽象，可以直接往下转换其他对象。注意，DataFrame、DataSet 和 RDD 之间转换需要 import spark.implicits._包的支持。

注意：RDD 转 DataFrame 可以使用反射来推断 schema，不必自己写。通常内置查询优化功能，所以建议尽可能使用 DataFrame。

3.4 小 结

DataFrame 是 Spark 机器学习的基础，也是最重要的核心。掌握了 DataFrame 的 API 基本方法和基本操作，能够帮助广大的程序设计人员更好地设计出符合需求的算法和程序。

本章带领读者学习了 DataFrame 的基本工作原理和特性，介绍了 DataFrame 的好处和不足之处，这些都是读者在使用中需要注意的地方。DataFrame API 能够提高 Spark 的性能和扩展性，避免了构造 Dataset 中每一行的对象，因为 DataFrame 统一为 Row 对象，造成 GC 的代价。DataFrame API 不同于 RDD API，它能构建关系型查询，将更加有利于熟悉执行计划的开发人员，但是同理，DataFrame 也不一定适用于所有人。

另外，在介绍 DataFrame 基本操作方法时，Transformation 和 Action 的操作地位不同，用法也会千差万别。限于篇幅的关系，这里只介绍了最基本的一些操作，读者可以在实践中参考官方文档学习并掌握更多的方法。

第 4 章

ML 基本概念

在介绍完 Spark 基本组成部分与功能后，读者应该能够理解为什么会将 Spark 比喻成一个运行在分布式存储系统中的数据集合了。

从本章开始，我们将接触到 Spark 机器学习库 ML 的使用，学习 ML 的基本数据类型的种类与用法，以及如何组合利用这些基本数据类型进行一些统计量的计算。这些是 Spark 数据分析和挖掘的基础。

本章主要知识点：

- ML 基本数据类型及管道技术
- ML 的一些基本概念
- 统计量的一些计算

4.1 ML 基本数据类型及管道技术

DataFrame 即 Dataset[Row]，是 ML 专用的数据格式。DataFrame 从 API 上借鉴了 R 和 Pandas 中 DataFrame 的概念，是业界标准结构化数据处理 API。DataFrame 的数据抽象是命名元组，代码里是 Row 类型，结合了过程化编程和声明式的 API，让用户能用过程化编程的方法处理结构化数据。它参考了 Scala 函数式编程思想，并大胆引入统计分析概念，将存储数据转化成向量和矩阵的形式进行存储和计算，即将数据定量化表示，能更准确地整理和分析结果。本节将介绍这些基本的数据类型及其用法。

4.1.1　支持多种数据类型

ML 支持较多的数据格式，从最基本的 Spark 数据集 DataFrame 到部署在集群中的向量和矩阵，同时还支持部署在本地计算机中的本地化格式，如表 4-1 所示。

表 4-1　ML 基本数据类型

类型名称	释 义
Local vector	本地向量集，主要向 Spark 提供一组可进行操作的数据集合
Labeled point	向量标签，让用户能够分类不同的数据集合
Local matrix	本地矩阵，将数据集合以矩阵形式存储在本地计算机中
Distributed matrix	分布式矩阵，将数据集合以矩阵形式存储在分布式计算机中

以上就是旧版本的 MLlib 和新版本的 ML 都支持的数据类型，其中分布式矩阵根据不同的作用和应用场景又分为 4 种不同的类型。新旧版本的使用方法基本相同，只不过所在的文件夹（包）不同——新版本的 ML 在 spark.ml.linalg 中。Spark 3.0 基于 DataFrame 的高层次 API，通过机器学习管道构建整套机器学习算法库。下面将带领大家对 ML 包的管道（Pipeline）组件 Pipeline 进行解读。

4.1.2　管道技术

使用 Pipeline，跟 sklearn 库一样，可以把很多操作（算法/特征提取/特征转换）以管道的形式串起来，然后让数据在这个管道中流动。它对机器学习算法的 API 进行了标准化，以便更轻松地将多种算法组合到单个管道或工作流中。

有了 Pipeline 之后，ML 更适合创建包含从数据清洗到特征工程再到模型训练等一系列工作。在 ML 中，无论是什么模型都提供了统一的算法操作接口，比如模型训练都是 fit()。

4.1.3　管道中的主要概念

我们需要了解 ML 管道技术中的一些基本概念，有了对这些组件概念的理解，才能把机器学习的构建和处理写得“行云流水”般的顺畅。

（1）DataFrame：数据源，本是 Spark SQL 中格式的概念，可以容纳多种数据类型，即用来保存数据。例如，一个 DataFrame 可以存储文本、特征向量、真实标签和预测值的不同列。可以说所有的管道 API 都是基于 DataFrame 之上的。这种格式在前两章已经解释得非常透彻，这里不再赘述。

（2）Transformer：转换器，也是一种算法，可以将一个 DataFrame 转换为另一个 DataFrame。例如，ML 模型的作用是 Transformer 将具有特征的 DataFrame 转换为具有预测的 DataFrame，即负责将特征 DataFrame 转化为一个包含预测值的 DataFrame。Transformer 是包含特征转换器和学习模型的抽象。通常情况下，转换器实现了一个 transform 方法，该方法通过给 DataFrame 添加一个或者多个列来将一个 DataFrame 转化为另一个 DataFrame。例如，一个训练好的模型就是一个 Transformer，它可以获取一个 DataFrame，读取包含特征向量的列，为每一个特征向量预测一个标签，然后生成一个包含预测标签列的新 DataFrame。也可以获取一个 DataFrame，读取一列（例如，text），然后将其映射成一个新的列（例如，特征向量）并输出一个新的 DataFrame（追加了转换生成的列）。

（3）Estimator：通俗地说，就是根据训练样本进行模型训练（fit），并且得到一个对应的 Transformer。例如，一个学习算法（如 PCA、SVM、LogisticRegression）是一个 Estimator，通过 fit 方法训练 DataFrame 并产生模型 Transformer。

（4）Pipeline：管道。Pipeline 将多个 Transformer 和 Estimator 连接起来按顺序执行以确定一个机器学习的工作流程。一个 Pipeline 在结构上会包含一个或多个 Stage，每一个 Stage 都会完成一个任务，如数据集处理转化、模型训练、参数设置或数据预测等。这样的 Stage 在 ML 里按照处理问题类型的不同会有相应的定义和实现。其中两个主要的 Stage 是 Transformer 和 Estimator。

（5）Parameter：所有 Transformer 和 Estimator 共享一个通用 API，用于指定参数，例如设置一些训练参数等。

4.1.4 管道的工作流程

管道的工作流程大体上可以类比于工厂里的流水线工作。从数据收集开始到输出我们需要的最终结果，需要多个步骤进行抽象建模。对使用 Spark 机器学习算法的用户来说，流水线式机器学习比单个步骤独立建模更加高效、易用。

例如，一个简单的文本文档处理工作流可能包括以下几个阶段：

（1）将每个文档的文本拆分为单词。

（2）将每个文档的单词转换为数值型的特征向量（构建词向量）。

（3）训练得到一个模型，然后用于预测。

Spark ML 将这样一个工作流定义为 Pipeline，一个 Pipeline 包含多个 Stage（Transformer 和 Estimator），通过 DataFrame 在各个 Stage 中进行传递，如图 4-1 所示。

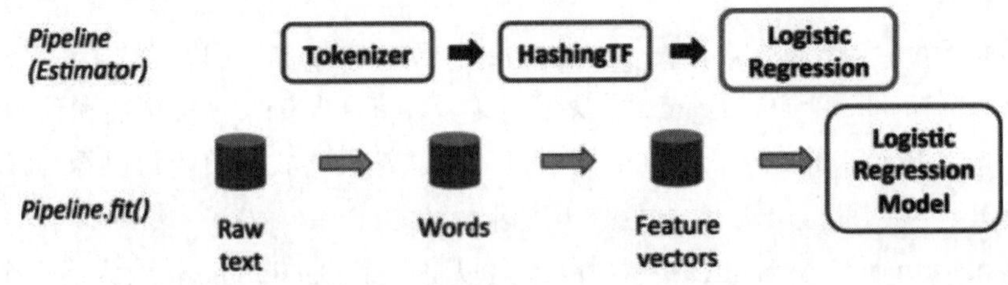

图 4-1 ML 管道的工作流程：训练模型

这是一个文本文档处理训练模型的例子，其中包含了三个步骤：矩形表示的 Logistic Regression 代表 Estimator，Tokenizer 和 HashingTF 是 Transformer。每个 Transformer 和

Estimator 都有一个唯一 ID，用于保存对应的参数，就算是相同的类型，也不能有相同的 ID。DataFrame 在“流过”不同的 Stage 时，会被 Transformer 进行转换。对于 Transformer 的 Stage，会调用 transform 方法作用于 DataFrame；对于 Estimator 的 Stage，会调用 fit 方法来创建一个 Transformer，然后让 Transformer 的 transform 方法再作用于 DataFrame。

图 4-1 中下面一行代表流经管道的数据，其中的圆柱表示 DataFrame。Pipeline.fit 方法被调用操作原始 DataFrame，其包含原始文档和标签。Tokenizer.transform 方法将原始文本分割成单词，增加一个带有单词的列到原始的 DataFrame 上。HashingTF.transform 方法将单词列转化为特征向量，给 DataFrame 增加一个带有特征向量的列。由于 Logistic Regression 是一个 Estimator，因此 Pipeline 会先调用 LogisticRegression.fit()来产生一个 Logistic Regression Model。这个 Logistic Regression Model 也是一个 Transformer。如果在此过程之后还有更多的 Estimator，那么就会在 DataFrame 被传入下一个 Stage 前，Logistic Regression Model 调用自己的 transform 方法作用于 DataFrame。

一个 Pipeline 是一个 Estimator。因此，在 Pipeline 的 fit 方法运行后会产生一个 PipelineModel，也就是一个 Transformer。

图 4-2 是一个使用已训练模型预测样本的例子。PipelineModel 和原始的 Pipeline 有相同数量的 Stage，但是在原始 Pipeline 中的 Estimator 已经变为 Transformer。当 PipelineModel 的 transform 方法被调用再测试数据集上时，数据就会按顺序在 fitted pipeline 中传输。每个 Stage 的 transform 方法更新 DataFrame，然后传给下一个 Stage。Pipeline 和 PipelineModel 帮助确保训练数据和测试数据经过相同的特征处理步骤。

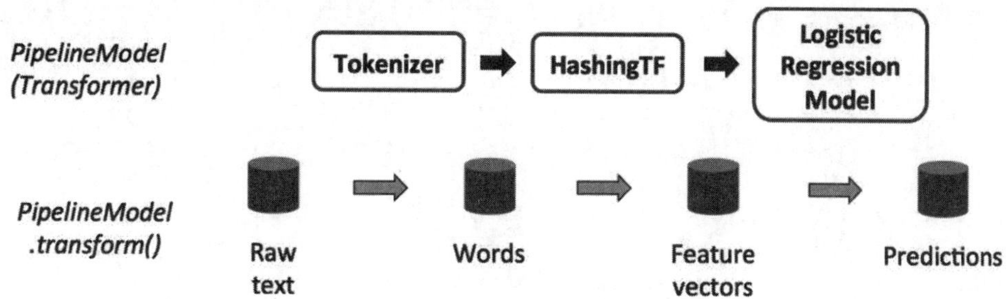

图 4-2　ML 管道的工作流程：模型预测

由于 Pipeline 能够操作带有不同数据类型的 DataFrame，因此不能使用编译时类型检查。Pipeline 和 Pipeline Model 在正式运行 Pipeline 之前，会执行运行时类型检查，该类型检查是使用 DataFrame 的 schema 来实现的。

通常情况下，将模型或管道存储到磁盘供以后使用。模型的导入/导出功能在 Spark 1.6 的时候加入了 Pipeline API，大多数基础的 Transformer 和 ML Model 都支持。

4.1.5　Pipeline 的使用

一般来说，ML 中无论是什么模型都提供了统一的算法操作接口，比如模型训练都是 fit()。

下面使用示例代码进行讲解。

代码位置：//SRC//C04//EstimatorTransformerParamExample.scala

程序 4-1　管道技术演示示例

```
import org.apache.spark.ml.classification.LogisticRegression
import org.apache.spark.ml.linalg.{Vector, Vectors}
import org.apache.spark.ml.param.ParamMap
import org.apache.spark.sql.Row

//准备数据 DataFrame 格式，格式为(label, features)
val training = spark.createDataFrame(Seq(
  (1.0, Vectors.dense(0.0, 1.1, 0.1)),
  (0.0, Vectors.dense(2.0, 1.0, -1.0)),
  (0.0, Vectors.dense(2.0, 1.3, 1.0)),
  (1.0, Vectors.dense(0.0, 1.2, -0.5))
)).toDF("label", "features")

//创建一个 LogisticRegression 实例，该实例是一个 Estimator
val lr = new LogisticRegression()
//打印参数和一些默认值语句
println(s"LogisticRegression parameters:\n ${lr.explainParams()}\n")

//使用 setter 函数设置参数
lr.setMaxIter(10)
  .setRegParam(0.01)

//学习一个回归模型，使用存储在 lr 中的参数——fit()函数的使用
val model1 = lr.fit(training)
//model1是一个模型（Estimator 生成的 TransFormer），可以查看它在 fit()中使用的参数
//打印参数（名称：值）对，其中名称拥有唯一的 ID 号
println(s"Model 1 was fit using parameters: ${model1.parent.extractParamMap}")

//使用 ParamMap 指定参数，它支持几种指定参数的方法
val paramMap = ParamMap(lr.maxIter -> 20)
  .put(lr.maxIter, 30)  //重写原来的 maxIter
  .put(lr.regParam -> 0.1, lr.threshold -> 0.55)  //设置多个参数

//也可以累加参数
val paramMap2 = ParamMap(lr.probabilityCol -> "myProbability")
//修改输出列名称
val paramMapCombined = paramMap ++ paramMap2

//现在使用 paramMapCombined 参数学习一个新的模型
//paramMapCombined 覆盖之前通过 lr.set *方法设置的所有参数
val model2 = lr.fit(training, paramMapCombined)
println(s"Model 2 was fit using parameters: ${model2.parent.extractParamMap}")

//准备测试数据
val test = spark.createDataFrame(Seq(
```

```
      (1.0, Vectors.dense(-1.0, 1.5, 1.3)),
      (0.0, Vectors.dense(3.0, 2.0, -0.1)),
      (1.0, Vectors.dense(0.0, 2.2, -1.5))
    )).toDF("label", "features")

    //使用 Transformer.transform 方法对测试数据进行预测
    //LogisticRegression.transform 将仅使用“特征”列
    //注意 model2.transform()输出一个'myProbability'列，而不是之前的'probability'列，
    //因为之前我们重命名了 lr.probabilityCol 参数
    model2.transform(test)
      .select("features", "label", "myProbability", "prediction")
      .collect()
      .foreach { case Row(features: Vector, label: Double, prob: Vector, prediction:
Double) =>
        println(s"($features, $label) -> prob=$prob, prediction=$prediction")
      }
```

这是一个逻辑回归的例子，打印结果如图 4-3 所示。

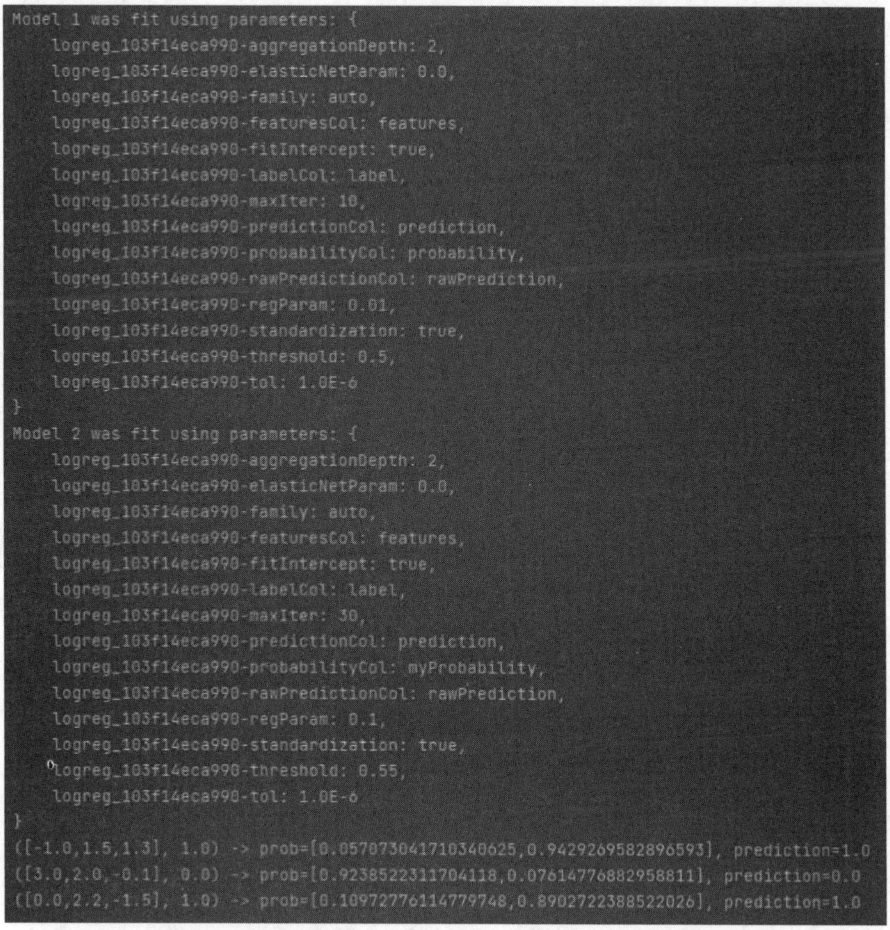

```
Model 1 was fit using parameters: {
    logreg_103f14eca990-aggregationDepth: 2,
    logreg_103f14eca990-elasticNetParam: 0.0,
    logreg_103f14eca990-family: auto,
    logreg_103f14eca990-featuresCol: features,
    logreg_103f14eca990-fitIntercept: true,
    logreg_103f14eca990-labelCol: label,
    logreg_103f14eca990-maxIter: 10,
    logreg_103f14eca990-predictionCol: prediction,
    logreg_103f14eca990-probabilityCol: probability,
    logreg_103f14eca990-rawPredictionCol: rawPrediction,
    logreg_103f14eca990-regParam: 0.01,
    logreg_103f14eca990-standardization: true,
    logreg_103f14eca990-threshold: 0.5,
    logreg_103f14eca990-tol: 1.0E-6
}
Model 2 was fit using parameters: {
    logreg_103f14eca990-aggregationDepth: 2,
    logreg_103f14eca990-elasticNetParam: 0.0,
    logreg_103f14eca990-family: auto,
    logreg_103f14eca990-featuresCol: features,
    logreg_103f14eca990-fitIntercept: true,
    logreg_103f14eca990-labelCol: label,
    logreg_103f14eca990-maxIter: 30,
    logreg_103f14eca990-predictionCol: prediction,
    logreg_103f14eca990-probabilityCol: myProbability,
    logreg_103f14eca990-rawPredictionCol: rawPrediction,
    logreg_103f14eca990-regParam: 0.1,
    logreg_103f14eca990-standardization: true,
    logreg_103f14eca990-threshold: 0.55,
    logreg_103f14eca990-tol: 1.0E-6
}
([-1.0,1.5,1.3], 1.0) -> prob=[0.05707304171034062,0.9429269582896593], prediction=1.0
([3.0,2.0,-0.1], 0.0) -> prob=[0.9238522311704118,0.07614776882958811], prediction=0.0
([0.0,2.2,-1.5], 1.0) -> prob=[0.10972776114779748,0.8902722388522026], prediction=1.0
```

图 4-3 ML 管道的工作流程：逻辑回归示例输出结果

下面演示 Pipeline 上简单文本文档处理过程，代码如程序 4-2 所示。

代码位置：//SRC//C04//PipelineExample.scala

程序 4-2　文本文档处理演示示例

```
import org.apache.spark.ml.{Pipeline, PipelineModel}
import org.apache.spark.ml.classification.LogisticRegression
import org.apache.spark.ml.feature.{HashingTF, Tokenizer}
import org.apache.spark.ml.linalg.Vector
import org.apache.spark.sql.Row
import org.apache.spark.sql.SparkSession

object PipelineExample {

  def main(args: Array[String]): Unit = {
    val spark = SparkSession
      .builder                          //创建 Spark 会话
      .master("local")                  //设置本地模式
      .appName("PipelineExample")       //设置名称
      .getOrCreate()                    //创建会话变量

    //$example on$
    //准备数据(id, text, label)
    val training = spark.createDataFrame(Seq(
      (0L, "a b c d e spark", 1.0),
      (1L, "b d", 0.0),
      (2L, "spark f g h", 1.0),
      (3L, "hadoop mapreduce", 0.0)
    )).toDF("id", "text", "label")

    //配置一个包含三个 stage 的 ML pipeline: tokenizer、hashingTF 和 lr
    val tokenizer = new Tokenizer()
      .setInputCol("text")
      .setOutputCol("words")
    val hashingTF = new HashingTF()
      .setNumFeatures(1000)
      .setInputCol(tokenizer.getOutputCol)
      .setOutputCol("features")
    val lr = new LogisticRegression()
      .setMaxIter(10)
      .setRegParam(0.001)
    val pipeline = new Pipeline()
      .setStages(Array(tokenizer, hashingTF, lr))

    //调用 fit()函数，训练数据
```

```
    val model = pipeline.fit(training)

    //可以将训练好的 Pipeline 输出到磁盘
    model.write.overwrite().save("/tmp/spark-logistic-regression-model")

    //也可以直接将为进行训练的 Pipeline 写到文件
    pipeline.write.overwrite().save("/tmp/unfit-lr-model")

    //然后再把存储好的模型加载出来
    val sameModel = PipelineModel.load("/tmp/spark-logistic-regression-model")

    //准备(id, text) 这个格式未打标签的数据进行测试
    val test = spark.createDataFrame(Seq(
      (4L, "spark i j k"),
      (5L, "l m n"),
      (6L, "spark hadoop spark"),
      (7L, "apache hadoop")
    )).toDF("id", "text")

    //在测试集上进行预测
    model.transform(test)
      .select("id", "text", "probability", "prediction")
      .collect()
      .foreach { case Row(id: Long, text: String, prob: Vector, prediction: Double)
=>
        println(s"($id, $text) --> prob=$prob, prediction=$prediction")
      }
    //$example off$

    spark.stop()
  }
}
```

打印结果请读者自行验证。

4.2 ML 数理统计基本概念

数理统计是伴随着概率论的发展而发展起来的一个数学分支，它研究如何有效地收集、整理和分析受随机因素影响的数据，并对所考虑的问题做出推断或预测，为采取某种决策和行动提供依据或建议。

ML 中提供了一些基本的数理统计方法，可以帮助用户更好地对结果进行处理和计算。目前，ML 数理统计的方法包括了一些基本的内容和常规统计方法，可以在做进一步处理之前对整体数据集有一个理性的了解，也就是数据分析，以便后续处理时提高处理的效率以及准确性。

在后续的讲解中，我们还会补充更多的、可用在分布式框架中的数理统计量。

4.2.1 基本统计量

在数理统计中，基本统计量包括数据的平均值、方差、标准差等，这是一组求数据统计量的基本内容。在 ML 中，统计量的计算主要用到 stat 类库，包括表 4-2 所示的内容。

表 4-2 ML 基本统计量

类型名称	释 义
summarizer	以列为基础计算统计量的基本数据
chiSqTest	对数据集内的数据进行皮尔逊距离计算，根据参量的不同，返回值格式有所差异
corr	对两个数据集进行相关系数计算，根据参量的不同，返回值格式有所差异

stat 类中不同的方法代表不同的统计量求法，后面根据不同的内容分别加以介绍。在 Spark 3.0 中，SQL 库里有一套类似的统计方法，即 sql.DataFrameStatFunctions。它是基于 DataFrame 的，有兴趣的读者可以了解一下。

4.2.2 统计量基本数据

summarizer 是 stat 类计算基本统计量的方法，需要注意其工作和计算是以 DataFrame 的列为基础进行的，调用不同的方法可以获得不同的统计量值，可用指标是按列计算的最大值、最小值、平均值、总和、方差、标准差和非零值的数量以及总计数。其方法如表 4-3 所示。

表 4-3 ML 中统计量基本数据

方法名称	释 义	方法名称	释 义
count	行内数据个数	numNonzeros	不包含 0 值的个数
max	最大数值单位	variance	方差
min	最小数值单位	sum	总和
normL1	欧几里得距离	std	标准差
normL2	曼哈顿距离	mean	平均值

这里需要求数据的均值和标准差，首先在 C 盘建立名为 testSummary.txt 的文本文件，加入如下一组数据：

```
(Vectors.dense(2.0, 3.0, 5.0), 1.0)
(Vectors.dense(4.0, 6.0, 7.0), 2.0)
```

程序代码如程序 4-3 所示。

代码位置：//SRC//C04//SummarizerExample.scala

程序 4-3 求数据的均值和方差

```
import org.apache.spark.ml.linalg.{Vector, Vectors}
```

```
import org.apache.spark.ml.stat.Summarizer
import org.apache.spark.sql.SparkSession

object SummarizerExample {
  def main(args: Array[String]): Unit = {
    val spark = SparkSession
      .builder                              //创建 Spark 会话
      .master("local")                      //设置本地模式
      .appName("SummarizerExample")         //设置名称
      .getOrCreate()                        //创建会话变量

    import spark.implicits._
    import Summarizer._

    //创建数据 Vector 格式
    val data = Seq(
      (Vectors.dense(2.0, 3.0, 5.0), 1.0),
      (Vectors.dense(4.0, 6.0, 7.0), 2.0)
    )
    //转换 DF 格式
    val df = data.toDF("features", "weight")
    //计算均值、方差、有权重列
    val (meanVal, varianceVal) = df.select(metrics("mean", "variance")
      .summary($"features", $"weight").as("summary"))
      .select("summary.mean", "summary.variance")
      .as[(Vector, Vector)].first()

    println(s"with weight: mean = ${meanVal}, variance = ${varianceVal}")
    //计算均值、方差、无权重列
    val (meanVal2, varianceVal2) = df.select(mean($"features"),
variance($"features"))
      .as[(Vector, Vector)].first()

    println(s"without weight: mean = ${meanVal2}, sum = ${varianceVal2}")


    spark.stop()
  }
}
```

程序的结果如下：

```
with weight: mean = [3.333333333333333,5.0,6.333333333333333], variance =
[2.000000000000001,4.5,2.000000000000001]
without weight: mean = [3.0,4.5,6.0], variance = [2.0,4.5,2.0]
```

从结果可以看出，summary 的实例将计算列数据的内容并存储和打印结果，供下一步的数据分析使用。

4.2.3 距离计算

除了一些基本统计量的计算之外， summarizer 方法中还包括两种距离的计算，分别是 normL1 和 normL2，代表欧几里得距离和曼哈顿距离。这两种距离是用以表达数据集内部数据长度的常用算法。

欧几里得距离是一个常用的距离定义，指在 m 维空间中两个点之间的真实距离或者向量的自然长度（该点到原点的距离）。其一般公式如下：

$$x=\sqrt{x_1^2+x_2^2+x_3^2+\cdots+x_n^2}$$

曼哈顿距离用来标明两个点在标准坐标系上的绝对轴距总和，公式如下：

$$x=x_1+x_2+x_3+\cdots+x_n$$

根据上述两个公式分别计算欧几里得距离和曼哈顿距离（以（1，2，3，4，5）为例）。

曼哈顿距离：

$$\text{normL1}=1+2+3+4+5=15$$

欧几里得距离：

$$\text{normL2}=\sqrt{1^2+2^2+3^3+4^2+5^5}\approx 7.416$$

以上是距离的理论算法，实际代码如程序 4-4 所示。

代码位置：//SRC//C04//SummarizerExample1.scala

程序 4-4 距离的算法

```
import org.apache.spark.ml.linalg.{Vector, Vectors}
import org.apache.spark.ml.stat.Summarizer
import org.apache.spark.sql.SparkSession

object SummarizerExample1 {
  def main(args: Array[String]): Unit = {
    val spark = SparkSession
      .builder                              //创建 Spark 会话
      .master("local")                      //设置本地模式
      .appName("SummarizerExample1")        //设置名称
      .getOrCreate()                        //创建会话变量

    import Summarizer._
```

```
    import spark.implicits._

    //创建数据 Vector 格式
    val data = Seq(
      (Vectors.dense(2.0, 3.0, 5.0), 1.0),
      (Vectors.dense(4.0, 6.0, 7.0), 2.0)
    )
    //转换 DF 格式
    val df = data.toDF("features", "weight")

    //计算曼哈顿距离、欧几里得距离、无权重列
    val    (meanVal2,    varianceVal2)    =    df.select(normL1($"features"),
normL2($"features"))
      .as[(Vector, Vector)].first()

    println(s"without weight: normL1 = ${meanVal2}, normL2 = ${varianceVal2}")


    spark.stop()
  }
}
```

打印结果如下：

```
normL1 = [6.0,9.0,12.0],
normL2 = [4.47213595499958,6.708203932499369,8.602325267042627]
```

4.2.4 两组数据相关系数计算

反映两个变量间线性相关关系的统计指标称为相关系数。相关系数是一种用来反映变量之间相关关系密切程度的统计指标，在现实中一般用于对两组数据的拟合和相似程度进行定量化分析，研究变量之间的线性相关程度。常用的一般是皮尔逊相关系数，ML 中默认的相关系数求法也是使用皮尔逊相关系数法。斯皮尔曼相关系数用得比较少，但是能够较好地反映不同数据集的趋势程度，因此在实践中还是有应用空间的。

皮尔逊相关系数计算公式如下：

$$\rho_{xy}=\frac{\sum(x-\overline{x})(y-\overline{y})}{\sqrt{\sum(x-\overline{x})^2\sum(y-\overline{y})^2}}$$

ρ_{xy} 就是相关系数值，这里讲得更加深奥一点，皮尔逊相关系数按照线性数学的角度来理解，它比较复杂，可以看作是两组数据的向量夹角的余弦，用来描述两组数据的分开程度。

皮尔逊相关系数算法也在 stat 包中，使用指定的方法计算向量的输入数据集的相关矩阵。输出将是一个包含向量列的相关矩阵的 DataFrame。具体使用如程序 4-5 所示。

代码位置：//SRC//C04//CorrelationExample.scala

程序 4-5　皮尔逊相关系数

```
import org.apache.spark.ml.linalg.{Matrix, Vectors}
import org.apache.spark.ml.stat.Correlation
import org.apache.spark.sql.Row
import org.apache.spark.sql.SparkSession

object CorrelationExample {

  def main(args: Array[String]): Unit = {
    val spark = SparkSession
      .builder                              //创建 Spark 会话
      .master("local")                      //设置本地模式
      .appName("CorrelationExample")        //设置名称
      .getOrCreate()                        //创建会话变量
    import spark.implicits._

    //数据相关矩阵
    val data = Seq(
      Vectors.sparse(4, Seq((0, 1.0), (3, -2.0))),
      Vectors.dense(4.0, 5.0, 0.0, 3.0),
      Vectors.dense(6.0, 7.0, 0.0, 8.0),
      Vectors.sparse(4, Seq((0, 9.0), (3, 1.0)))
    )

    val df = data.map(Tuple1.apply).toDF("features")
    val Row(coeff1: Matrix) = Correlation.corr(df, "features").head
    println(s"Pearson correlation matrix:\n $coeff1")
    val Row(coeff2: Matrix) = Correlation.corr(df, "features", "spearman").head
    println(s"Spearman correlation matrix:\n $coeff2")

    spark.stop()
  }
}
```

在程序 4-5 中，先在 C 盘下建立不同的数据集合。作为示例数据，内容如下：

```
Vectors.dense(4.0, 5.0, 0.0, 3.0),
Vectors.dense(6.0, 7.0, 0.0, 8.0),
```

这是两组不同的数据值，根据皮尔逊相关系数计算法，最终计算结果如下：

```
Pearson correlation matrix:
1.0                  0.055641488407465814  NaN  0.4004714203168137
0.055641488407465814  1.0                  NaN  0.9135958615342522
```

```
NaN                    NaN                    1.0  NaN
0.4004714203168137   0.9135958615342522   NaN  1.0
```

对于斯皮尔曼相关系数的计算，其计算公式如下：

$$\rho_{xy} = 1 - \frac{6\sum (x_i - y_i)^2}{n(n^2 - 1)}$$

其中，n 为数据个数。同样地，ρ_{xy} 是相关系数值，其使用方法就是在程序中向 corr 方法显性地标注使用斯皮尔曼相关系数，程序代码如程序 4-6 所示。

代码位置：//SRC//C04//CorrelationExample.scala

程序 4-6　斯皮尔曼相关系数

```
import org.apache.spark.ml.linalg.{Matrix, Vectors}
import org.apache.spark.ml.stat.Correlation
import org.apache.spark.sql.Row
import org.apache.spark.sql.SparkSession

object CorrelationExample {

  def main(args: Array[String]): Unit = {
    val spark = SparkSession
      .builder                                 //创建 Spark 会话
      .master("local")                         //设置本地模式
      .appName("CorrelationExample")           //设置名称
      .getOrCreate()                           //创建会话变量
    import spark.implicits._

    //数据相关矩阵
    val data = Seq(
      Vectors.sparse(4, Seq((0, 1.0), (3, -2.0))),
      Vectors.dense(4.0, 5.0, 0.0, 3.0),
      Vectors.dense(6.0, 7.0, 0.0, 8.0),
      Vectors.sparse(4, Seq((0, 9.0), (3, 1.0)))
    )

    val df = data.map(Tuple1.apply).toDF("features")
    val Row(coeff1: Matrix) = Correlation.corr(df, "features").head
    println(s"Pearson correlation matrix:\n $coeff1")

    val Row(coeff2: Matrix) = Correlation.corr(df, "features", "spearman").head
    println(s"Spearman correlation matrix:\n $coeff2")

    spark.stop()
```

```
  }
}
```

从程序实例中可以看到，向 corr 方法显性地标注了使用斯皮尔曼相关系数。

最终计算结果如下：

```
Spearman correlation matrix:
1.0                 0.10540925533894598  NaN  0.4
0.10540925533894598  1.0                 NaN  0.9486832980505139
NaN                 NaN                 1.0  NaN
0.4                 0.9486832980505139   NaN  1.0
```

提示：不同的相关系数有不同的代表意义。皮尔逊相关系数代表两组数据的余弦分开程度，表示随着数据量的增加两组数据差别将增大。斯皮尔曼相关系数更注重两组数据的拟合程度，即两组数据随数据量增加而增长曲线不变。

4.2.5 分层抽样

分层抽样是一种数据提取算法，先将总体单位按某种特征分为若干次级总体（层），然后从每一层内进行单纯随机抽样，组成一个样本的统计学计算方法。这种方法以前常常用于数据量比较大、计算处理非常不方便进行的情况下。

一般地，在抽样时，将总体分成互不交叉的层，然后按一定的比例从各层次独立地抽取一定数量的个体，将各层次取出的个体合在一起作为样本，这种抽样方法是一种分层抽样。

在 ML 中，使用 Map 作为分层抽样的数据标记。一般情况下，Map 的构成是[key,value]格式，key 作为数据组，而 value 作为数据标签进行处理。

举例来说，一组数据中有成年人和小孩，可以将其根据年龄进行分组，将每个字符串中含有 3 个字符的标记为 1、含有 2 个字符的标记为 2，再根据其数目进行分组。

具体例子如程序 4-7 所示。

代码位置：//SRC//C04//testStratifiedSampling2.scala

程序 4-7 分层抽样

```
import org.apache.spark.sql.SparkSession
import org.apache.spark.mllib.stat.Statistics
import org.apache.spark.rdd.PairRDDFunctions
import org.apache.spark.sql.DataFrameStatFunctions

object StratifiedSamplingExample {
 def main(args: Array[String]): Unit = {
   val spark = SparkSession
     .builder                                  //创建 Spark 会话
     .master("local")                          //设置本地模式
     .appName("StratifiedSamplingExample")     //设置名称
```

```
        .getOrCreate()                              //创建会话变量

      import spark.implicits._

      val data =
        Seq((1, 1.0), (1, 1.0), (1, 1.0), (2, 1.0), (2, 1.0), (3, 1.0))

      val stat = data.toDF().rdd.keyBy(_.getInt(0))

      //确定每一组的抽样分数
      val fractions = Map(1 -> 1.0,2 -> 0.6, 3 -> 0.3)

      //得到每一组的近似抽样
      val approxSample1 = stat.sampleByKey(withReplacement = false, fractions =
fractions)

      println(s"approxSample size is ${approxSample1.collect().size}")
      approxSample1.collect().foreach(println)
    }
  }
```

withReplacement false 表示不重复抽样。当 withReplacement 为 true 时，采用 PoissonSampler 取样器，当 withReplacement 为 false 时，采用 BernoulliSampler 取样器。fractions 表示在层 1 抽的百分比、在层 2 中抽的百分比等。根据传送进入的配置，可以获得如下打印结果：

```
approxSample size is 5
(1,[1,1.0])
(1,[1,1.0])
(1,[1,1.0])
(2,[2,1.0])
(3,[3,1.0])
```

4.2.6 假设检验

在前面介绍了几种验证方法，对于数据结果的好坏，需要一个能够反映和检验结果正确与否的方法。假设检验是根据一定的假设条件，由样本推断总体的一种统计学方法。其基本思路是先提出假设（虚无假设），使用统计学方法进行计算，根据计算结果判断是否拒绝假设。常用假设检验的方法有卡方检验、T 检验。假设检验是统计中有力的工具，用于判断一个结果是否在统计上是显著的、这个结果是否有机会发生。Spark ML 目前支持 Perason 卡方(χ^2)的独立性检验。

卡方检验是一种常用的假设检验方法，能够较好地对数据集之间的拟合度、相关性和独立性进行验证。ML 规定常用的卡方检验使用的数据集一般为向量和矩阵。

卡方检验在现实中使用较多，最早开始是用于抽查检测工厂合格品概率，在网站分析中一般用作转化率等指标的计算和衡量。

假设检验程序示例参见程序 4-8。

代码位置：//SRC//C04//ChiSquareTestExample.scala

程序 4-8 假设检验

```
import org.apache.spark.ml.linalg.{Vector, Vectors}
import org.apache.spark.ml.stat.ChiSquareTest
import org.apache.spark.sql.SparkSession

object ChiSquareTestExample {

  def main(args: Array[String]): Unit = {
    val spark = SparkSession
      .builder                              //创建 Spark 会话
      .master("local")                      //设置本地模式
      .appName("ChiSquareTestExample")      //设置名称
      .getOrCreate()                        //创建会话变量
    import spark.implicits._

    //创建数据集
    val data = Seq(
      (0.0, Vectors.dense(0.5, 10.0)),
      (0.0, Vectors.dense(1.5, 20.0)),
      (1.0, Vectors.dense(1.5, 30.0)),
      (0.0, Vectors.dense(3.5, 30.0)),
      (0.0, Vectors.dense(3.5, 40.0)),
      (1.0, Vectors.dense(3.5, 40.0))
    )
    //转换格式
    val df = data.toDF("label", "features")

    //转化数据
    val chi = ChiSquareTest.test(df, "features", "label").head
    println(s"pValues = ${chi.getAs[Vector](0)}")
    println(s"degreesOfFreedom    ${chi.getSeq[Int](1).mkString("[",    ",",
"]")}")
    println(s"statistics ${chi.getAs[Vector](2)}")
    //打印结果

    spark.stop()
  }
}
```

在程序 4-8 中，ChiSquareTest 对标签的每个特征进行 Pearson 独立性测试。对于每个特征，

（特征，标签）对被转换为卡方统计量已经计算好的列联矩阵。所有标签和特征值都必须是分类的。返回一个 DataFrame 包含针对标签的每个特征的测试结果。此 DataFrame 将包含具有以下字段的单个行。其打印结果如下：

```
pValues = [0.6872892787909721,0.6822703303362126]
degreesOfFreedom [2,3]
statistics [0.75,1.5]
```

从结果上可以看到，假设检验的输出结果包含三个数据，分别为自由度、P 值以及统计量，其具体说明如表 4-4 所示。

表 4-4　假设检验常用术语介绍

术　语	说　明
自由度	总体参数估计量中变量值独立自由变化的数目
统计量	不同方法下的统计量，对应每一种类别
P 值	显著性差异指标
方法	卡方检验使用方法

在程序 4-8 中，卡方检验使用皮尔逊计算法对数据集进行计算，得到最终结果 P 值。一般情况下，$P<0.05$ 是指数据集不存在显著性差异。

提示：在这个例子中，为了举例方便而使用了较少的数据集，读者可以尝试建立更多的数据集对其进行计算。关于卡方检验，它可以实现适配度检测和独立性检测。适配度检测验证观察值的次数分配与理论值是否相等，独立性检测验证两个变量抽样到的观察值是否相互独立。

4.2.7　随机数

随机数是统计分析中常用的一些数据文件，一般用来检验随机算法和执行效率等。在 Scala 和 Java 语言中提供了大量的随机数 API，以随机生成各种形式的随机数。RDD 也是如此，RandomRDDs 类是随机数生成类，使用方法如程序 4-9 所示。

代码位置：//SRC//C04//testRandomRDD.scala

程序 4-9　随机数

```
import org.apache.spark.mllib.random.RandomRDDs.normalRDD
import org.apache.spark.sql.SparkSession

object testRandom {
  def main(args: Array[String]): Unit = {
    val spark = SparkSession
      .builder                              //创建 Spark 会话
      .master("local")                      //设置本地模式
      .appName("testRandom")                //设置名称
      .getOrCreate()                        //创建会话变量
```

```
    val randomNum = normalRDD(spark.sparkContext, 100)  //创建100个随机数
    randomNum.foreach(println)            //打印数据
  }
}
```

这里的 normalRDD 是调用类，随机生成 100 个随机数。结果请读者自行打印测试。

4.3 小 结

本章详细讲解了多个 ML 数据格式的范例和使用方法，包括本地向量、本地矩阵以及分布式矩阵，详细地介绍了 ML 中的管道技术基础和应用，为后续的数据分析提供支持。

此外，本章还介绍了 ML 中使用的基本数理统计的概念和方法，例如基本统计量、相关系数、假设检验等基本概念和求法，同样也是后续内容的基础。

这些内容是 ML 数据挖掘和机器学习的基础，此外，在后续的章节中还会介绍更多的相关知识。

第 5 章

协同过滤算法

本章将介绍本书的第一个 ML 算法——协同过滤算法。协同过滤算法是最常用的推荐算法，主要有两种具体形式：基于用户的推荐算法和基于物品的推荐算法。本章将介绍这两种算法的原理和实现方法。

推荐算法的基础是基于两个对象之间的相关性。第 4 章已经介绍过欧几里得相似性的计算方法，这是一种使用较多的相似性计算方法。除此之外，还有曼哈顿相似性和余弦相似性的计算方法，本章将实现基于余弦相似性的用户相似度计算。

ALS（Alternating Least Squares）是交替最小二乘法的简称，也是 ML 的基础推荐算法。本章将介绍其基本原理和实例。

本章主要知识点：

- 协同过滤的概念
- 相似度度量
- 交替最小二乘法

5.1 协同过滤

协同过滤算法又称为“集体计算”方法，基本思想是利用人性的相似性进行相似比较。本节将介绍其原理和应用，可能读者会感到有一些“玄学”在里面，但是谁又能否认人和人是相似的呢？

5.1.1 协同过滤概述

协同过滤（Collaborative Filtering）算法是一种基于群体用户或者物品的典型推荐算法，也是目前常用的推荐算法中最常用和最经典的。协同过滤算法的应用是推荐算法作为可行的机器学习算法正式步入商业应用的标志。

协同过滤算法主要有两种：

- 一是通过考察具有相同爱好的用户对相同物品的评分标准进行计算。
- 二是考察具有相同特质的物品从而推荐给选择了某件物品的用户。

总体来说，协同过滤算法就是建立在基于某种物品和用户之间相互关联的数据关系之上的，下面将向读者详细介绍这两种算法。

5.1.2 基于用户的推荐 UserCF

对于基于用户相似性的推荐，用简单的一个词表述就是“志趣相投”。事实也是如此。

比如说你想去看一个电影，但是不知道这个电影是否符合你的口味，怎么办呢？从网上找介绍和看预告短片固然是一个好办法，但是对于电影能否真实符合你的偏好，却不能提供更加详细准确的信息。这时最好的办法可能就是这样：

小王：哥们，我想去看看这个电影，你不是看了吗，怎么样？

小张：不怎么样，陪女朋友去看的，她看得津津有味，我看了一小半就玩手机去了。

小王：那最近有什么好看的电影吗？

小张：你去看《雷霆 XX》吧，我看了不错，估计你也喜欢。

小王：好的。

这是一段日常生活中经常发生的对话，也是基于用户的协同过滤算法的基础。小王和小张是好哥们。作为好哥们，他们也具有一些相同的爱好，那么在此基础上相互推荐自己喜爱的东西给对方必然是合乎情理的，有理由相信被推荐者能够较好地享受到被推荐物品所带来的快乐和满足感。

图 5-1 向读者展示了基于用户的协同过滤算法的表现形式。

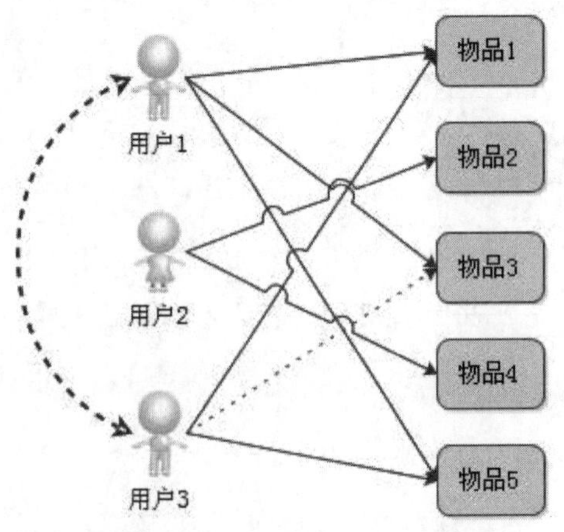

图 5-1 基于用户的协同过滤算法

想向用户 3 推荐一个商品时，如何选择这个商品是一个很大的问题。在已有信息中，用户

3 已经选择了物品 1 和物品 5，用户 2 比较偏向于选择物品 2 和物品 4，而用户 1 选择了物品 1、物品 4 以及物品 5。

可以发现用户 1 和用户 3 在选择偏好上更加相似——用户 1 和用户 3 都选择了相同的物品 1 和物品 5，那么将物品 3 向用户 3 推荐也是完全合理的。

这就是基于用户的协同过滤算法做的推荐。用特定的计算方法扫描和指定目标相同的已有用户，根据给定的相似度对用户进行相似度计算，选择最高得分的用户，并根据其已有的信息作为推荐结果反馈给用户。这种推荐算法在计算结果上较为简单易懂，具有很高的实践应用价值。

5.1.3　基于物品的推荐 ItemCF

在基于用户的推荐算法中，笔者用一个词“志趣相投”形容了其原理；在基于物品的推荐算法中，同样可以使用一个词来形容整个算法的原理——“物以类聚”。

首先看一下如下对话，这次是小张想给他女朋友买个礼物。

小张：情人节快到了，我想给我女朋友买个礼物，但是不知道买什么，上次买了个赛车模型，差点被她骂死。

小王：哦？你也真是的，不买点她喜欢的东西。她平时喜欢什么啊？

小张：她平时比较喜欢看动画片，特别是《机器猫》，没事就看几集。

小王：那我建议你给她买套机器猫的模型套装，绝对能让她喜欢。

小张：好主意，我试试。

对于不熟悉的用户，在缺少特定用户信息的情况下，根据用户已有的偏好数据去推荐一个未知物品是合理的。这就是基于物品的推荐算法。

基于物品的推荐算法是以已有的物品为线索去进行相似度计算，从而推荐给特定的目标用户。图 5-2 展示了基于物品的推荐算法的表现形式。

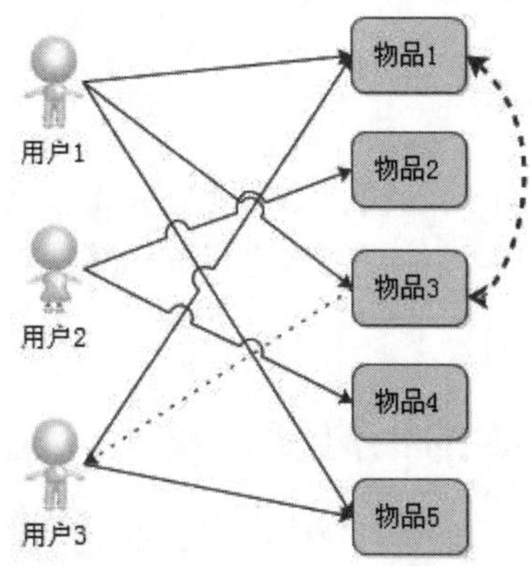

图 5-2　基于物品的协同过滤算法

这次同样是给用户 3 推荐一个物品，在不知道其他用户的情况下，通过计算或者标签的方式得出与已购买物品最相近的物品推荐给用户。这就是基于物品近似度的物品推荐算法。

提示：读者可以先试着自己动手写一个协同过滤算法。随着近几年的发展，有许多改进版的基于物品或基于用户的协同过滤方法，有兴趣的读者可以自行查找相关资料。基于用户的协同过滤方法适合时效性较强，用户个性化兴趣不太明显的领域，如果用户很多，计算用户相似度矩阵代价很大。基于物品的协同过滤方法适用于物品数明显小于用户数的场合，如果物品很多（网页），计算物品相似度矩阵代价很大。

5.1.4 协同过滤算法的不足

在实际应用中，基于用户的和基于物品的推荐算法均是最常用的协同过滤推荐算法，但是在某些场合下仍然具有不足之处。在实际运用中，采用单一召回策略的推荐结果会非常粗糙。

基于用户的推荐算法针对某些热点物品的处理不够准确，对于一些常用的物品推荐，其计算结果往往排在推荐的首位，而这样的推荐却没有实际应用意义。基于用户的推荐算法往往数据量较为庞大，计算费事，热点的存在准确度也很成问题。

基于物品的推荐算法相对于基于用户的推荐算法数据量小很多，可以较为容易地生成推荐值，但是其存在推荐同样（同类型）物品的问题。例如，用户购买了某件商品，那么推荐系统可能会继续推荐相同类型的商品给用户，用户在购买一件商品后绝对不会再购买同类型的商品，这样的推荐完全是失败的。

总体来说，基于协同过滤的召回即建立用户和内容间的行为矩阵，依据“相似性”进行分发。这种方式准确率较高，但存在一定程度的冷启动问题。在产品刚刚上线、新用户到来的时候，如果没有用户在应用上的行为数据，就无法预测其兴趣爱好。另外，当新商品上架时也会遇到冷启动的问题，没有收集到任何一个用户对其浏览、点击或者购买的行为，也无从对商品进行推荐。

5.2 相似度度量

从上一节中可以看到，对于不同形式的协同过滤举证，最重要的部分是相似度的求得。如果不同的用户或者物品之间的相似度缺乏有效而可靠的算法定义，那么协同过滤算法就失去了成立的基础条件。

5.2.1 基于欧几里得距离的相似度计算

欧几里得距离是最常用的计算距离的公式，它表示三维空间中两个点的真实距离。

欧几里得相似度计算是一种基于用户之间直线距离的计算方式。在相似度计算中，不同的物品或者用户可以将其定义为不同的坐标点，而特定目标定位为坐标原点。使用欧几里得距离计算两个点之间的绝对距离，公式如下：

$$d = \sqrt{(x_1 - x_2)^2 + (y_1 - y_2)^2}$$

提示：在欧几里得相似度计算中，由于最终数值的大小与相似度成反比，因此在实际应用中常常使用欧几里得距离的倒数作为相似度值，即 1/d+1 作为近似值。

作为计算结果的欧几里得距离，显示的是两点之间的直线距离，该值的大小表示两个物品或者用户差异性的大小，即用户的相似性如何。两个物品或者用户距离越大，其相似度越小，距离越小则相似度越大。来看一个例子，表 5-1 是一个用户与其他用户的打分表。

表 5-1　用户与物品评分对应表

	物品 1	物品 2	物品 3	物品 4
用户 1	1	1	3	1
用户 2	1	2	3	2
用户 3	2	2	1	1

如果需要计算用户 1 和其他用户之间的相似度，那么通过欧几里得距离公式可以得出：

$$d_{12} = 1/1 + \sqrt{(1-1)^2 + (1-2)^2 + (3-3)^2 + (1-2)^2} = 1/1 + \sqrt{2} \approx 0.414$$

用户 1 和用户 2 的相似度为 0.414，而用户 1 和用户 3 的相似度为：

$$d_{13} = 1/1 + \sqrt{(1-2)^2 + (1-2)^2 + (3-1)^2 + (1-1)^2} = 1/1 + \sqrt{6} \approx 0.287$$

d_{12} 分值大于 d_{13} 的分值，因此可以说用户 2 比用户 3 更加相似于用户 1。

5.2.2　基于余弦角度的相似度计算

与欧几里得距离类似，余弦相似度也将特定目标（物品或者用户）作为坐标上的点，但不是坐标原点，再基于此与特定的被计算目标进行夹角计算，如图 5-3 所示。

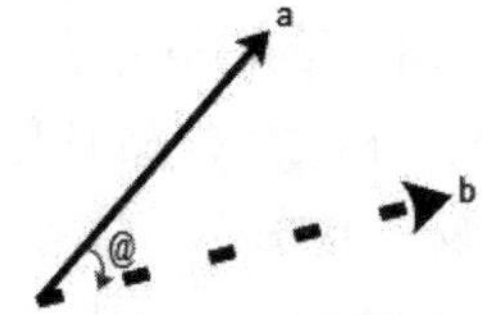

图 5-3　余弦相似度示例

从图 5-3 可以很明显地看出，两条射线分别从坐标原点出发，引出一定的角度。如果两个目标较为相似，则其射线形成的夹角较小。如果两个用户不相近，则两条射线形成的夹角较大。因此在使用余弦度量的相似度计算中可以用夹角的大小来反映目标之间的相似性。余弦相似度的计算公式如下：

$$\cos@=\frac{\sum(x_i\times y_i)}{\sqrt{\sum x_i^2}\times\sqrt{\sum y_i^2}}$$

从公式可以看出，余弦值的大小在[-1,1]之间，值的大小与夹角的大小成正比。如果用余弦相似度公式计算表 5-1 中用户 1 和用户 2、用户 3 之间的相似性，那么结果如下：

$$d_{12}=\frac{1\times1+1\times2+3\times3+1\times2}{\sqrt{1^2+1^2+3^2+1^2}\times\sqrt{1^2+2^2+3^2+2^2}}=\frac{14}{\sqrt{12}\times\sqrt{18}}\approx0.789$$

$$d_{13}=\frac{1\times2+1\times2+3\times1+1\times1}{\sqrt{1^2+1^2+3^2+1^2}\times\sqrt{2^2+2^2+1^2+1^2}}=\frac{8}{\sqrt{12}\times\sqrt{10}}\approx0.344$$

从计算可得，相对于用户 3，用户 2 与用户 1 更为相似。

5.2.3 欧几里得相似度与余弦相似度的比较

欧几里得相似度是以目标绝对距离作为衡量的标准，而余弦相似度是以目标差异的大小作为衡量标准，其表述如图 5-4 所示。

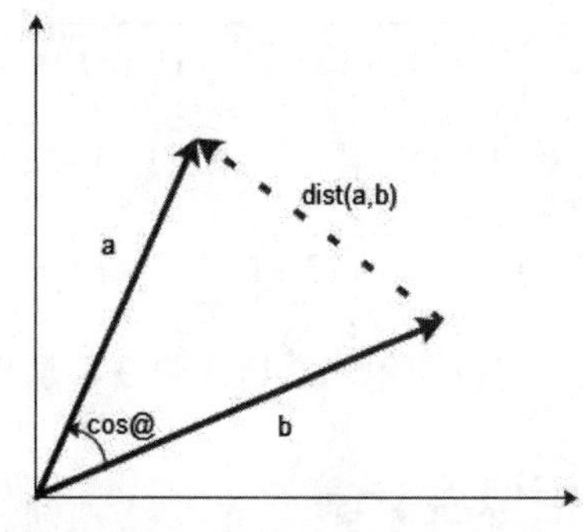

图 5-4 欧几里得相似度与余弦相似度

欧几里得相似度注重目标之间的差异，与目标在空间中的位置直接相关。余弦相似度是不同目标在空间中的夹角，更加表现在前进趋势上的差异。

欧几里得相似度和余弦相似度具有不同的计算方法和描述特征。一般来说欧几里得相似度用来表现不同目标的绝对差异性，分析目标之间的相似度与差异情况。余弦相似度更多的是对目标从方向趋势上区分，对特定坐标数字不敏感。

提示： 举例来说，两个目标在不同的两个用户之间的评分分别是（1,1）和（5,5），这两个评分在表述上是一样，但是在分析用户相似度时更多的是使用欧几里得相似度，而不是余弦相似度对其进行计算，而余弦相似度更好地区分了用户分离状态。

5.2.4 基于余弦相似度的用户相似度计算示例

前面讲述了不同相似度的理论原型，本节将向读者展示一个使用余弦相似度计算不同用户之间相似性的实例。

从程序设计开始，首先是数据的输入，其次是设计相似度算法公式，最后是对不同用户的递归计算。因此，步骤可以总结如下：

（1）输入数据。

在本例中，为了便于计算，抽取了一个小数据例子作为计算标准，因为本书是以介绍 Spark 为主的教程，因此需要先对其进行处理，代码如下：

```
import org.apache.spark.sql.SparkSession

object CollaborativeFilteringSpark {
  def main(args: Array[String]): Unit = {
    val spark = SparkSession
      .builder                                          //创建 Spark 会话
      .master("local")                                  //设置本地模式
      .appName("CollaborativeFilteringSpark")           //设置名称
      .getOrCreate()                                    //创建会话变量

    val sc = spark.sparkContext
    //设置用户名
    val users = sc.parallelize(Array("aaa","bbb","ccc","ddd","eee"))
    //设置电影名
    val films = sc.parallelize(Array("smzdm","ylxb","znh","nhsc","fcwr"))
```

其中创建了 Spark 会话、设置本地模式，并且在机器中实例化了 Spark 环境。users 和 films 分别对用户和电影名做了设置。

（2）设置协同过滤矩阵算法。

前面已经说过，在计算不同用户的相似度时最关键的是采用不同的相似度计算算法，这里选用余弦相似度，代码如下：

```
  def getCollaborateSource(user1:String,user2:String):Double = {
    //获得第1个用户的评分
    val user1FilmSource = source.get(user1).get.values.toVector
    //获得第2个用户的评分
    val user2FilmSource = source.get(user2).get.values.toVector
    val member = user1FilmSource.zip(user2FilmSource).map(d => d._1 *
d._2).reduce(_ + _).toDouble                            //对公式进行计算
    //求出分母第1个变量值
    val temp1  = math.sqrt(user1FilmSource.map(num => {
      math.pow(num,2)                                   //数学计算
    }).reduce(_ + _))                                   //进行叠加
    //求出分母第2个变量值
    val temp2  = math.sqrt(user2FilmSource.map(num => {
     math.pow(num,2)                                    //数学计算
```

```
    }).reduce(_ + _))                                  //进行叠加
    val denominator = temp1 * temp2                    //求出分母
    member / denominator                               //进行计算
  }
```

这里稍微解释一下代码，source 是已经对 film 评分过的数据组，通过 toVector()将其转化成向量以便于操作。分子部分中的 zip 方法将这两个值连接在一起构成一个元组值，RDD 值的类型为元组，map 方法将自身两两相乘后再通过 reduce 方法进行相加。分母部分同理可得。

提示：为了提高运行效率、减少篇幅，笔者将大量的运算合在一起操作，这也显示了 Scala 语言的简洁。读者有疑问的话，可将此方法取出，单独进行测试。

（3）计算不同用户之间的相似度。

基于余弦相似度的用户相似度计算代码如程序 5-1 所示。

代码位置：//SRC//C05//CollaborativeFilteringSpark.scala

程序 5-1　基于余弦相似度的用户相似度计算

```
import org.apache.spark.sql.SparkSession

object CollaborativeFilteringSpark {
  def main(args: Array[String]): Unit = {
    val spark = SparkSession
      .builder                                         //创建 Spark 会话
      .master("local")                                 //设置本地模式
      .appName("CollaborativeFilteringSpark")          //设置名称
      .getOrCreate()                                   //创建会话变量

    val sc = spark.sparkContext
    //设置用户名
    val users = sc.parallelize(Array("aaa","bbb","ccc","ddd","eee"))
    //设置电影名
    val films = sc.parallelize(Array("smzdm","ylxb","znh","nhsc","fcwr"))

    //使用一个 source 嵌套 map 作为姓名，电影名和分值的存储
    var source = Map[String, Map[String, Int]]()
    val filmSource = Map[String,Int]()        //设置一个用以存放电影分的 map
    def getSource(): Map[String,Map[String,Int]] = {          //设置电影评分
      val user1FilmSource = Map("smzdm" -> 2,"ylxb" -> 3,"znh" -> 1,"nhsc" ->
0,"fcwr" -> 1)
      val user2FilmSource = Map("smzdm" -> 1,"ylxb" -> 2,"znh" -> 2,"nhsc" ->
1,"fcwr" -> 4)
      val user3FilmSource = Map("smzdm" -> 2,"ylxb" -> 1,"znh" -> 0,"nhsc" ->
1,"fcwr" -> 4)
      val user4FilmSource = Map("smzdm" -> 3,"ylxb" -> 2,"znh" -> 0,"nhsc" ->
```

```
5,"fcwr" -> 3)
      val user5FilmSource = Map("smzdm" -> 5,"ylxb" -> 3,"znh" -> 1,"nhsc" ->
1,"fcwr" -> 2)
      source += ("aaa" -> user1FilmSource)  //对人名进行存储
      source += ("bbb" -> user2FilmSource)  //对人名进行存储
      source += ("ccc" -> user3FilmSource)  //对人名进行存储
      source += ("ddd" -> user4FilmSource)  //对人名进行存储
      source += ("eee" -> user5FilmSource)  //对人名进行存储
      source                              //返回嵌套map
    }

    //两两计算分值,采用余弦相似性
    def getCollaborateSource(user1:String,user2:String):Double = {
      //获得第1个用户的评分
      val user1FilmSource = source.get(user1).get.values.toVector
      //获得第2个用户的评分
      val user2FilmSource = source.get(user2).get.values.toVector
      val  member  =  user1FilmSource.zip(user2FilmSource).map(d  =>  d._1  *
d._2).reduce(_ + _  _).toDouble              //对公式分子部分进行计算
      val temp1  = math.sqrt(user1FilmSource.map(num => {//求出分母第1个变量值
        math.pow(num,2)                          //数学计算
      }).reduce(_ + _))                          //进行叠加
      val temp2  = math.sqrt(user2FilmSource.map(num => {//求出分母第2个变量值
        math.pow(num,2)                          //数学计算
      }).reduce(_ + _))                          //进行叠加
      val denominator = temp1 * temp2            //求出分母
      member / denominator                       //进行计算
    }

    def main(args: Array[String]) {
      getSource()                                //初始化分数
      val name = "bbb"                           //设定目标对象
      users.foreach(user =>{                     //迭代进行计算
        println(name  +  "  相 对 于  "  +  user  +" 的 相 似 性 分 数 是 :  "+
getCollaborateSource(name,user))
      })
    }

  }
}
```

打印结果如下：

```
bbb 相对于 aaa 的相似性分数是：0.7089175569585667
bbb 相对于 bbb 的相似性分数是：1.0000000000000002
bbb 相对于 ccc 的相似性分数是：0.8780541105074453
```

```
bbb 相对于 ddd 的相似性分数是：0.6865554812287477
bbb 相对于 eee 的相似性分数是：0.6821910402406466
```

这里通过余弦相似度计算出特定用户与不同用户（包括自己）的相似性得分。

5.3 交替最小二乘法

交替最小二乘法（ALS 算法）是统计分析中最常用的逼近计算的一种算法，其交替计算结果使得最终结果尽可能逼近真实结果。ALS 算法稍微有些难度，本节将尽量形象而准确地描述其原理，并在最后给出一个程序示例供读者学习和掌握。

5.3.1 最小二乘法详解

在介绍 ML 中的 ALS 算法之前，先简单地介绍一下 ALS 算法的基础——LS（Least Square，最小二乘法）。

LS 算法是一种数学优化技术，也是一种机器学习常用算法。它通过最小化误差的平方和寻找数据的最佳函数匹配。利用最小二乘法可以简便地求得未知的数据，并使得这些求得的数据与实际数据之间误差的平方和最小。最小二乘法可用于曲线拟合。其他一些优化问题，也可以通过最小化能量或最大化熵用最小二乘法来表达。

为了便于理解最小二乘法，我们通过图 5-5 演示一下原理。

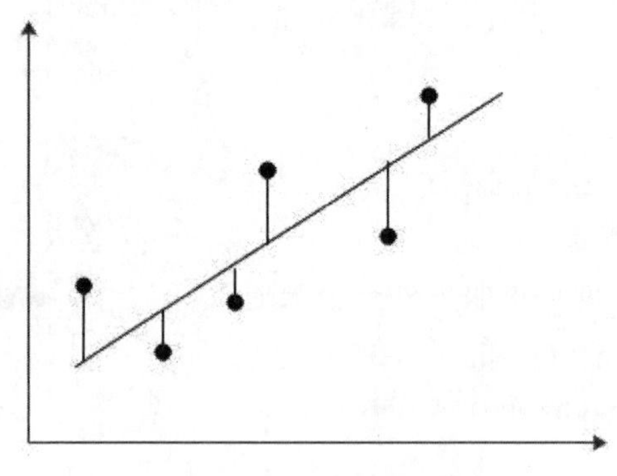

图 5-5 最小二乘法原理

若干个点依次分布在向量空间中，如果希望找出一条直线和这些点达到最佳匹配，那么最简单的一个方法就是希望这些点到直线的距离值最小，即：

$$f(x) = ax + b$$

$$\delta = \sum (f(x_i) - y_i)^2$$

在上述公式中，$f(x)$是直接的拟合公式，也是所求的目标函数。这里希望各个点到直线的值最小，也就是可以将其理解为差值和最小。可以使用微分的方法求出最小值，限于篇幅的关系这里不再细说。

提示：读者可以自行研究最小二乘法的公式计算。笔者建议读者自己实现最小二乘法的程序。

5.3.2　ML 中交替最小二乘法详解

ALS 算法的解释比较复杂，如图 5-6 所示。

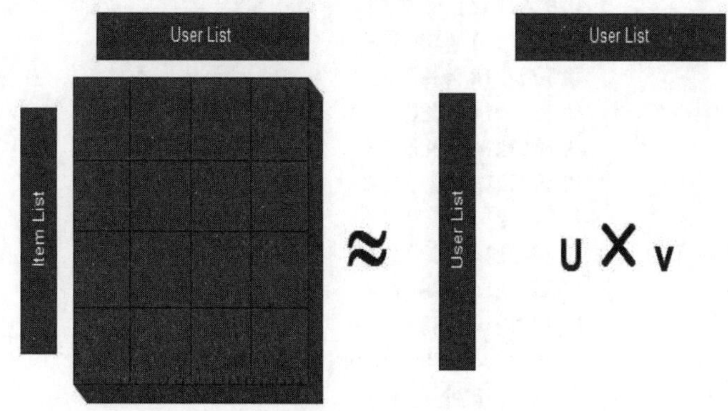

图 5-6　ALS 算法矩阵分解图示

在图 5-6 中，一个基于用户名、物品表的用户评分矩阵可以被分解成两个较为小型化的矩阵，即矩阵 $\boldsymbol{U}$ 和矩阵 $\boldsymbol{V}$，因此可以将原始矩阵近似表示为：

$$\boldsymbol{W}=\boldsymbol{U}\times\boldsymbol{V}$$

这里 $\boldsymbol{U}$ 和 $\boldsymbol{V}$ 分别表示用户和物品的矩阵。在 ML 的 ALS 算法中，首先对 $\boldsymbol{U}$ 或者 $\boldsymbol{V}$ 矩阵随机化生成，之后固定某一个特定对象，求取另外一个未随机化的矩阵对象。然后利用被求取的矩阵对象去求随机化矩阵对象。最后两个对象相互迭代计算，求取与实际矩阵差异达到程序设定的最小阈值位置。为什么是交替？从处理步骤来看就是确定 $\boldsymbol{V}$ 来优化 $\boldsymbol{U}$，再来优化 $\boldsymbol{V}$，再来优化 $\boldsymbol{U}$，一直到收敛，具体步骤如图 5-7 所示。

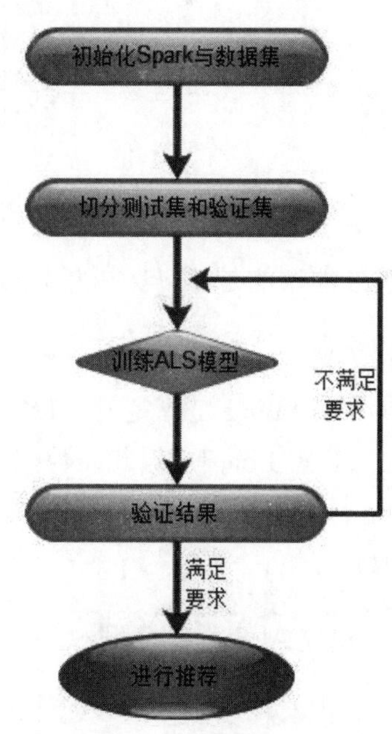

图 5-7　ALS 算法流程图

5.3.3　ALS 算法示例

下面进入本章中最重要的部分——Spark 3.0 版本中 ALS 算法的程序设计。

1. 切分数据集

ALS 算法的前验基础是切分数据集，这里选用程序 5-1 的数据集合，首先建立数据集文件 sample_movielens_ratings.txt，内容如图 5-8 所示。

```
sample_movielens_ratings.txt - 记事本
文件(F) 编辑(E) 格式(O) 查看(V) 帮助(H)
0::2::3::1424380312
0::3::1::1424380312
0::5::2::1424380312
0::9::4::1424380312
0::11::1::1424380312
0::12::2::1424380312
0::15::1::1424380312
0::17::1::1424380312
0::19::1::1424380312
0::21::1::1424380312
0::23::1::1424380312
0::26::3::1424380312
0::27::1::1424380312
0::28::1::1424380312
0::29::1::1424380312
0::30::1::1424380312
0::31::1::1424380312
0::34::1::1424380312
0::37::1::1424380312
0::41::2::1424380312
0::44::1::1424380312
0::45::2::1424380312
```

图 5-8　数据集文件 sample_movielens_ratings.txt

需要注意的是，ML 中的 ALS 算法有固定的数据格式，源码如下：

```
case class Rating(userId: Int, movieId: Int, rating: Float, timestamp: Long)
```

其中，Rating 是固定的 ALS 输入格式，要求是一个元组类型的数据，其中的数值分别为[Int,Int, Float, Long]，因此在数据集建立时用户名和物品名分别用数值代替，而最终的评分没有变化，最后是一个时间戳（类型是 Long）。基于 Spark 3.0 架构，我们可以将迭代算法 ALS 很好地并行化。

2. 建立 ALS 数据模型

第二步就是建立 ALS 数据模型。ALS 数据模型是根据数据集训练获得的，源码如下：

```
val Array(training, test) = ratings.randomSplit(Array(0.8, 0.2))
val als = new ALS()
  .setMaxIter(5)
  .setRegParam(0.01)
```

```
    .setUserCol("userId")
    .setItemCol("movieId")
    .setRatingCol("rating")
  val model = als.fit(training)
```

ALS 是由若干个 setters 设置参数构成的，其解释如下：

- numBlocks（numItemBlocks、numUserBlocks）：并行计算的 block 数（-1 为自动配置）。
- rank：模型中的隐藏因子数。
- maxIter：算法最大迭代次数。
- regParam：ALS 中的正则化参数。
- implicitPref：使用显示反馈 ALS 变量或隐式反馈。
- alpha：ALS 隐式反馈变化率用于控制每次拟合修正的幅度。
- coldStartStrategy：将 coldStartStrategy 参数设置为“drop”，以便删除 DataFrame 包含 NaN 值的预测中的任何行。

这些参数协同作用，从而控制 ALS 算法的模型训练。

最终 Spark 3.0 的 ML 库基于 ALS 算法的协同过滤推荐代码如程序 5-2 所示。

代码位置：//SRC//C05//ALSExample.scala

程序 5-2　基于 ALS 算法的协同过滤推荐

```
  import org.apache.spark.ml.evaluation.RegressionEvaluator
  import org.apache.spark.ml.recommendation.ALS
  import org.apache.spark.sql.SparkSession


  object ALSExample {

    //定义 Rating 格式
    case class Rating(userId: Int, movieId: Int, rating: Float, timestamp: Long)
    def parseRating(str: String): Rating = {
      val fields = str.split("::")//分隔符
      assert(fields.size == 4)
      Rating(fields(0).toInt,       fields(1).toInt,        fields(2).toFloat,
fields(3).toLong)
    }

    def main(args: Array[String]): Unit = {
      val spark = SparkSession
        .builder                        //创建 Spark 会话
        .master("local")                //设置本地模式
        .appName("ALSExample")          //设置名称
        .getOrCreate()                  //创建会话变量
      import spark.implicits._

      //读取 Rating 格式并转换 DF
      val ratings = spark.read.textFile("data/mllib/als/sample_movielens_
```

```
ratings.txt")
      .map(parseRating)
      .toDF()
    val Array(training, test) = ratings.randomSplit(Array(0.8, 0.2))

    //在训练集上构建推荐系统模型、ALS 算法，并设置各种参数
    val als = new ALS()
      .setMaxIter(5)
      .setRegParam(0.01)
      .setUserCol("userId")
      .setItemCol("movieId")
      .setRatingCol("rating")
    val model = als.fit(training)//得到一个 model：一个 Transformer

    //在测试集上评估模型，标准为 RMSE
    //设置冷启动的策略为 'drop'，以保证不会得到一个 'NAN' 的预测结果
    model.setColdStartStrategy("drop")
    val predictions = model.transform(test)

    val evaluator = new RegressionEvaluator()
      .setMetricName("rmse")
      .setLabelCol("rating")
      .setPredictionCol("prediction")
    val rmse = evaluator.evaluate(predictions)
    println(s"Root-mean-square error = $rmse")

    //为每一个用户推荐10部电影
    val userRecs = model.recommendForAllUsers(10)
    //为每部电影推荐10个用户
    val movieRecs = model.recommendForAllItems(10)

    //为指定的一组用户生成 top10个电影推荐
    val users = ratings.select(als.getUserCol).distinct().limit(3)
    val userSubsetRecs = model.recommendForUserSubset(users, 10)
    //为指定的一组电影生成 top10个用户推荐
    val movies = ratings.select(als.getItemCol).distinct().limit(3)
    val movieSubSetRecs = model.recommendForItemSubset(movies, 10)
    //打印结果
    userRecs.show()
    movieRecs.show()
    userSubsetRecs.show()
    movieSubSetRecs.show()

    spark.stop()
  }
}
```

在上面的程序中，使用 ALS()根据已有的数据集建立了一个协同过滤矩阵推荐模型，之后使用 recommendForAllUsers 方法为一个用户推荐 10 个物品（电影）等，结果打印如下：

```
Root-mean-square error = 1.684832316936912
+------+--------------------+
```

```
|userId|     recommendations|
+------+--------------------+
|    28|[[25, 6.00149], [...|
|    26|[[94, 5.29422], [...|
|    27|[[47, 6.3299623],...|
|    12|[[46, 6.5864477],...|
|    22|[[7, 5.437798], [...|
|     1|[[68, 3.8732295],...|
|    13|[[96, 3.8646204],...|
|     6|[[25, 4.5257554],...|
|    16|[[85, 4.960823], ...|
|     3|[[96, 4.1602864],...|
|    20|[[22, 4.770223], ...|
|     5|[[55, 4.090011], ...|
|    19|[[46, 5.232961], ...|
|    15|[[46, 4.8397903],...|
|    17|[[90, 4.914645], ...|
|     9|[[48, 5.1486597],...|
|     4|[[52, 4.2062426],...|
|     8|[[29, 5.071128], ...|
|    23|[[90, 5.842731], ...|
|     7|[[27, 5.47984], [...|
+------+--------------------+
only showing top 20 rows

+-------+--------------------+
|movieId|     recommendations|
+-------+--------------------+
|     31|[[12, 3.931116], ...|
|     85|[[16, 4.960823], ...|
|     65|[[23, 4.9316106],...|
|     53|[[21, 5.080318], ...|
|     78|[[0, 1.5588677], ...|
|     34|[[18, 4.6249347],...|
|     81|[[28, 4.7397876],...|
|     28|[[24, 5.2909055],...|
|     76|[[0, 4.9046974], ...|
|     26|[[11, 4.4119563],...|
|     27|[[7, 5.47984], [1...|
|     44|[[24, 4.7212014],...|
|     12|[[28, 4.688432], ...|
|     91|[[11, 3.1263103],...|
|     22|[[26, 5.134186], ...|
|     93|[[2, 5.194844], [...|
|     47|[[27, 6.3299623],...|
```

```
|      1|[[25, 2.9610748],...|
|     52|[[14, 4.997468], ...|
|     13|[[23, 3.8639143],...|
+-------+--------------------+
only showing top 20 rows

+------+--------------------+
|userId|     recommendations|
+------+--------------------+
|    28|[[25, 6.00149], [...|
|    26|[[94, 5.29422], [...|
|    27|[[47, 6.3299623],...|
+------+--------------------+

+-------+--------------------+
|movieId|     recommendations|
+-------+--------------------+
|     31|[[12, 3.931116], ...|
|     85|[[16, 4.960823], ...|
|     65|[[23, 4.9316106],...|
+-------+--------------------+
```

在使用 ALS 进行预测时，通常会遇到测试数据集中的用户或物品没有出现的情况，这些用户或物品在训练模型期间不存在。针对上述问题 Spark 提供了将 coldStartStrategy 参数设置为“drop”的方式，就是删除 DataFrame 中包含 NaN 值的预测中的任何行。然后根据非 NaN 数据对模型进行评估，并且该评估是有效的。目前支持的冷启动策略是“nan”（上面提到的默认值）和“drop”，将来可能会支持进一步的策略。

提示：程序中的 rank 表示隐藏因子，numIterator 表示循环迭代的次数，读者可以根据需要调节数值。报出 StackOverFlow 错误时，可以适当地调节虚拟机或者 IDE 的栈内存。另外，读者可以尝试调用 ALS 中的其他方法，以更好地理解 ALS 模型的用法。Spark 官方实现的 ALS 由于调度方面的问题在训练的时候比较慢。

5.4 小　结

本章介绍了协同过滤算法的基础理论和用法，并实现了一个可运行在 Spark 上的经典协同过滤算法，同时还介绍了 ML 的经典算法 ALS（利用最小二乘法做的一种并发性较强的协同过滤算法）。这个算法较好地利用了 Spark 并发的特性。

本章前面的内容都是为最后的 ALS 算法实例服务的。这个实例的实现采用第 4 章所讲的管道技术进行模型训练，较好地反映了 Scala 语言的简单易用及 Spark 的易学性。在后续的章节中，我们将向读者展示更多 ML 的算法，以帮助读者更好地理解和掌握 Spark 用法。

第6章

线性回归理论与实战

回归分析（Regression Analysis）是一种统计分析方法，用来确定两种或两种以上变量间相互依赖的定量关系，运用十分广泛。回归分析可以按以下要素分类：

- 按照涉及的自变量的多少，分为回归和多重回归分析。
- 按照自变量的多少，分为一元回归分析和多元回归分析。
- 按照自变量和因变量之间的关系类型，分为线性回归分析和非线性回归分析。

如果在回归分析中只包括一个自变量和一个因变量，并且二者的关系可用一条直线近似表示，那么这种回归分析称为一元线性回归分析。如果回归分析中包括两个或两个以上的自变量，并且因变量和自变量之间是线性关系，则称为多重线性回归分析。

回归分析是最常用的机器学习算法之一，可以说回归分析理论与实际研究的建立，使得机器学习作为一门系统的计算机应用学科得以确认。

在 ML 中，线性回归是一种能够较为准确预测具体数据的回归方法，它通过给定的一系列训练数据在预测算法的帮助下预测未知的数据。

本章将向读者介绍线性回归的基本理论与 ML 中使用的预测算法，以及为了防止过度拟合而进行的正则化处理，这些不仅是回归算法的核心，也是 ML 的最核心部分。

本章主要知识点：

- 随机梯度下降算法详解
- 回归的过拟合
- ML 线性回归实战

6.1 随机梯度下降算法详解

机器学习中回归算法的种类很多，例如神经网络回归算法、蚁群回归算法、支持向量机回归算法等，这些都可以在一定程度上达成回归拟合的目的。

ML 中的随机梯度下降算法充分利用了 Spark 框架的迭代计算特性，通过不停地判断和选择当前目标下的最优路径，从而在最短路径下达到最优的结果，继而提高大数据的计算效率。

6.1.1 道士下山的故事

在介绍随机梯度下降算法之前，给大家讲一个道士下山的故事（见图 6-1）。

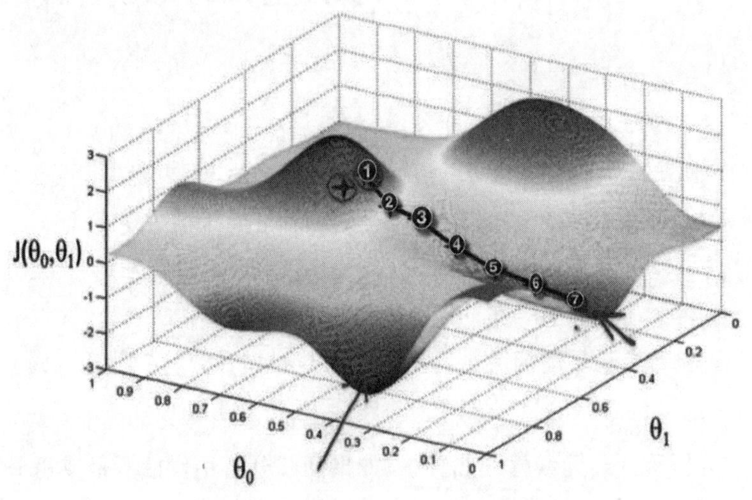

图 6-1 模拟随机梯度下降算法的演示图

这是一个模拟随机梯度下降算法的演示图。为了便于理解，笔者将其比喻成道士想要出去游玩的一座山。

设想道士有一天和道友一起到一座不太熟悉的山上去玩，在兴趣盎然中很快登上了山顶。但是天有不测，下起了雨。如果这时需要道士和同来的道友以最快的速度下山，那么该怎么办呢？

想以最快的速度下山，最快的办法就是顺着坡度最陡峭的地方走下去。但是由于不熟悉路，道士在下山的过程中每走过一段路程都需要停下来观望，从而选择最陡峭的下山路线。这样一路走下来，才可以在最短时间内走到山脚。

这个最短的路线从图上可以近似地表示为：

①→②→③→④→⑤→⑥→⑦

每个数字代表每次停顿的地点，这样只需要在每个停顿的地点上选择最陡峭的下山路即可。

这个就是一个道士下山的故事。随机梯度下降算法和这个类似，如果想要使用最迅捷的下山方法，那么最简单的办法就是在下降一个梯度的阶层后寻找一个当前获得的最大坡度继续下降。这就是随机梯度算法（Stochastic Gradient Descent，SGD）的基本原理。它是一种简单但非常有效的方法，多用于支持向量机、逻辑回归等凸损失函数下的线性分类器的学习，并且 SGD 已成功应用于文本分类和自然语言处理中经常遇到的大规模和稀疏机器学习问题，而且它是梯度下降的一种变形形式。SGD 既可以用于分类计算，也可以用于回归计算。

我们同时还要注意一下标准的梯度下降和随机梯度下降的区别。标准下降是在权值更新前汇总所有样例得到的标准梯度，随机下降则是通过考察每次训练实例来更新的。因为标准梯度下降使用的是准确的梯度，是理直气壮地走；随机梯度下降使用的是近似的梯度，得小心翼翼地走。

随机梯度下降算法的优点是计算速度快，缺点是收敛性能不好。

6.1.2　随机梯度下降算法的理论基础

随机梯度下降算法就是不停地寻找某个节点中下降幅度最大的那个趋势并进行迭代计算，直到将数据收缩到符合要求的范围为止，可以用数学公式表达如下：

$$f(\theta)=\theta_0 x_0+\theta_1 x_1+\cdots+\theta_n x_n=\sum\theta_i x_i$$

在上一章介绍最小二乘法的时候，笔者通过最小二乘法说明了直接求解最优化变量的方法，也介绍了在求解过程中的前提条件是计算值与实际值的偏差平方值最小。

在随机梯度下降算法中，对于系数需要通过不停地求解出当前位置下最优化的数据。这句话用数学方式来表达，就是不停地对系数 θ 求偏导数。公式如下：

$$\frac{\partial}{\partial\theta}f(\theta)=\frac{\partial}{\partial\theta}\frac{1}{2}\sum(f(\theta)-y_i)2=(f(\theta)-y)x_i$$

公式中 θ 会向着梯度下降的最快方向减少，从而推断出 θ 的最优解。

因此可以说随机梯度下降算法最终被归结为通过迭代计算特征值，从而求出最合适的值。θ 求解的公式如下：

$$\theta=\theta-a(f(\theta)-y_i)x_i$$

公式中 α 是下降系数，用较为通俗的话来说就是用以计算每次下降的幅度大小。系数越大则每次计算中的差值越大；系数越小则差值越小，但是计算时间相对延长。

在每次更新时用 1 个（batch_size=1 的情况）样本，随机采用样本中的一个例子近似所有的样本来调整 θ，因而随机梯度下降会带来一定的问题，因为计算得到的并不是准确的梯度。对于最优化问题、凸问题，虽然不是每次迭代得到的损失函数都向着全局最优方向，但是大的整体方向是向着全局最优解的，最终的结果往往是在全局最优解附近。

6.1.3 随机梯度下降算法实战

随机梯度下降算法可以将梯度下降算法通过一个模型来表示，如图 6-2 所示。

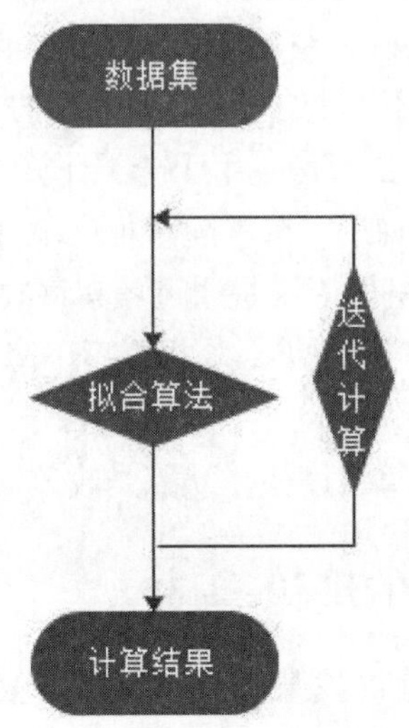

图 6-2 随机梯度下降算法过程

总结起来就一句话：随机选择一个方向，然后每次迈步都选择最陡的方向，直到这个方向上能达到的最低点，即每个数据都计算一下损失函数，然后求梯度更新参数。从图 6-2 中可以看到，实现随机梯度下降算法的关键是拟合算法的实现。本例的拟合算法实现较为简单，通过不停地修正数据值来达到数据的最优值。具体实现代码如程序 6-1 所示。

代码位置：//SRC//C06//SGDtest.scala

程序 6-1 随机梯度下降算法

```
import scala.collection.mutable.HashMap

object SGD {
  val data = HashMap[Int,Int]()                        //创建数据集
  def getData():HashMap[Int,Int] = {                   //生成数据集内容
    for(i <- 1 to 50){                                 //创建50个数据
      data += (i -> (12*i))                            //写入公式 y=2x
    }
    data                                               //返回数据集
  }

  var θ:Double = 0                                     //第一步假设 θ 为0
  var α :Double = 0.1

 //设置步长系数，也称学习率 alpha (learning rate)
```

```
  def sgd(x:Double,y:Double) = {                          //设置迭代公式
    θ = θ - α * ( (θ*x) - y)                              //迭代公式
  }
  def main(args: Array[String]) {
    val dataSource = getData()                            //获取数据集
    dataSource.foreach(myMap =>{                          //开始迭代
      sgd(myMap._1,myMap._2)                              //输入数据
    })
    println("最终结果θ值为" + θ)                          //显示结果
  }
}
```

最终结果如下：

```
"C:\Program Files\Java\jdk1.8.0_151\bin\java.exe" ...
最终结果θ值为 16.000000000061963

Process finished with exit code 0
```

提示：在重复运行本程序的时候，可以适当地增大数据量和步长系数。当增大数据量的时候，θ 值会开始偏离一定的距离。请读者考虑为何会这样。

6.2 回归的过拟合

有计算就有误差，误差并不可怕，我们需要思考的是采用何种方法消除误差。

在回归分析的计算过程中，由于特定分析数据（一般指训练集）和算法选择的原因，结果会对分析数据（一般指训练集）产生非常强烈的拟合效果；对于测试数据，表现得则不理想，这种效果和原因称为过拟合。本节将分析过拟合产生的原因和效果，并给出一个处理手段供读者参考。

6.2.1 过拟合产生的原因

在上一节的最后，我们建议读者对数据的量进行调整，从而获得更多的拟合修正系数。随着数据量的增加，拟合的系数在达到一定值后会发生较大幅度的偏转。在程序 6-1 中，步长系数，也称学习率（learning rate），又在 0.1 的程度下，数据量达到 70 以后就发生偏转，因为 ML 回归会产生过拟合现象。

对于过拟合，参见图 6-3。

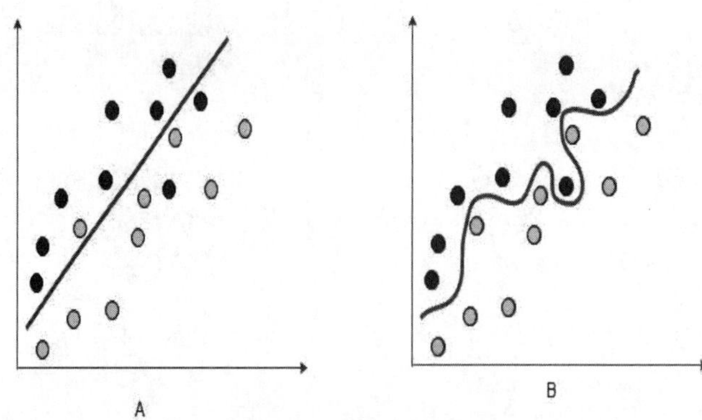

图 6-3　拟合与过拟合

从图 6-3 中 A 图和 B 图的对比来看，如果测试数据过于侧重某些具体点，就会对整体的曲线形成构成很大的影响，从而影响到待测数据的测试精准度。这种对于测试数据过于接近而实际数据拟合程度不够的现象称为过拟合，解决办法就是对数据进行处理，而处理过程称为回归的正则化。正则化的目的是防止过拟合，本质是约束（限制）要优化的参数。

正则化使用较多的一般有两种方法：Lasso 回归（L1 回归）和岭（ridge）回归（L2 回归），其目的是通过对最小二乘估计加入处罚约束，使某些系数的估计为 0。

从图 6-3 中 A 图和 B 图回归曲线上看，A 和 B 的差异较多地集中在回归系数的选取上。这里可以近似地将 A 假设为如下公式：

$$f(A)=\theta_0+\theta_1x_1+\theta_2x_2$$

B 公式可以近似地表示为：

$$f(B)=\theta_0+\theta_1x_1+\theta_2x_2+\theta_3x_3^2+\theta_4x_4^3=f(A)+\theta_3x_3^2+\theta_4x_4^3$$

从 A 公式和 B 公式的比较来看，B 公式增加了系数，因此可以通过消除增加的系数来消除过拟合。

更加直观的理解就是，防止通过拟合算法最后计算出的回归公式比较大地响应和依赖某些特定的特征值，从而影响回归曲线的准确率。

6.2.2 Lasso 回归、岭回归与 ElasticNet 回归

由前面对过拟合产生的原因分析来看，如果能够消除拟合公式中多余的拟合系数，那么产生的曲线就可以较好地对数据进行拟合处理。因此，可以认为对拟合公式过拟合的消除最直接的办法就是去除多余的公式，通过数学公式表达如下：

$$f(B')=f(B)+j(\theta)$$

从公式可以看到，$f(B')$是 $f(B)$的变形形式，通过增加一个新的系数公式 $J(\theta)$来使原始数据公式获得正则化表达。这里 $J(\theta)$又称为损失函数，通过回归拟合曲线的范数 L1 和 L2 与一个

步长数 α 相乘得到，其中 L1 是拉普拉斯分布、L2 是高斯分布。弹性网络 ElasticNet 是一种使用 L1、L2 范数作为先验正则项训练的线性回归模型。

范数 L1 和范数 L2 是两种不同的系数惩罚项。

L1 范数指的是回归公式中各个元素的绝对值之和，又称为稀疏规则算子（Lasso Regularization）。其一般公式如下：

$$J(\theta)=a\times\|x\|$$

即可以通过这个公式计算使得 $f(B')$最小化。

L2 范数指的是回归公式中各个元素的平方和，又称为岭回归（Ridge Regression），可以用公式表示为：

$$J(\theta)=a\sum x^2$$

和 L2 范数相比较，L1 能够在步长系数 α 在一定值的情况下将回归曲线的某些特定系数修正为 0。L2 回归因为其需要计算平方的处理方法，从而使得回归曲线获得较高的计算精度。

ML 中使用了 ElasticNet 回归。ElasticNet 综合了 L1 正则化项和 L2 正则化项，也就是岭回归和稀疏规则算子回归的组合。可以用公式表示为：

$$J(\theta)=\frac{1}{2}\sum_{i}^{m}(y^{(i)}-\theta^{\mathrm{T}}x^{(i)})^2+\lambda(\rho\sum_{j}^{n}\left|\theta_j\right|+(1-\rho)\sum_{j}^{n}\theta_j^2)$$

ElasticNet 将 Lasso 和 Ridge 组成一个具有两种惩罚因素的单一模型：一个与 L1 范数成比例，另外一个与 L2 范数成比例。使用这种方式方法所得到的模型就像纯粹的 Lasso 回归一样稀疏，但同时具有与岭回归提供的一样的正则化能力。在使用 Lasso 回归太过（太多特征被稀疏为 0），而岭回归正则化不够（回归系数衰减太慢）的时候，可以考虑使用 ElasticNet 回归来综合，以便得到比较好的结果。

6.3　ML 线性回归示例

6.3.1　线性回归程序

在前面的章节中，我们为读者介绍了线性回归的一些基础知识，这些知识将伴随读者机器学习和数据挖掘的整个工作生涯。本节将带领读者学习第一个回归算法，即线性回归。

首先需要完成线性回归的数据准备工作。在 ML 中，线性回归的示例用来演示训练弹性网络（ElasticNet）正则化线性回归模型、提取模型汇总统计信息，以及使用 ElasticNet 回归综合。它的学习目标是最小化指定的损失函数，并进行正则化。

一个完整的线性回归程序如程序 6-2 所示。

代码位置：//SRC//C06//LinearRegressionWithElasticNetExample.scala

程序 6-2 线性回归程序

```
import org.apache.spark.ml.regression.LinearRegression
import org.apache.spark.sql.SparkSession

object LinearRegressionWithElasticNetExample {

  def main(args: Array[String]): Unit = {
    val spark = SparkSession
      .builder                                          //创建 Spark 会话
      .master("local")                                  //设置本地模式
      .appName("LinearRegressionWithElasticNetExample") //设置名称
      .getOrCreate()                                    //创建会话变量

    //$example on$
    //读取数据
    val training = spark.read.format("libsvm")
      .load("data/mllib/sample_linear_regression_data.txt")

    //建立一个 Estimator，并设置参数
    val lr = new LinearRegression()
      .setMaxIter(10)
      .setRegParam(0.3) //正则化参数
      .setElasticNetParam(0.8) //使用 ElasticNet 回归

    //训练模型
    val lrModel = lr.fit(training)

    //打印一些系数（回归系数表）和截距
    println(s"Coefficients: ${lrModel.coefficients} Intercept:
${lrModel.intercept}")

    //汇总一些指标并打印结果和一些监控信息
    val trainingSummary = lrModel.summary
    println(s"numIterations: ${trainingSummary.totalIterations}")
    println(s"objectiveHistory:
[${trainingSummary.objectiveHistory.mkString(",")}]")
    trainingSummary.residuals.show()
    println(s"RMSE: ${trainingSummary.rootMeanSquaredError}")
    println(s"r2: ${trainingSummary.r2}")

    spark.stop()
  }
}
```

其中，setElasticNetParam 设置的是 elasticNetParam，范围是 0 到 1 之间，包括 0 和 1。如果设置的是 0，则惩罚项是 L2 的惩罚项，训练的模型简化为 Ridge 回归模型；如果设置的是 1，那么惩罚项就是 L1 的惩罚项，等价于 Lasso 模型。

回归结果如下所示：

```
    Coefficients:
[0.0,0.32292516677405936,-0.3438548034562218,1.9156017023458414,0.05288058680386263,0.765962720459771,0.0,-0.15105392669186682,-0.21587930360904642,0.22025369188813426] Intercept: 0.1598936844239736
    numIterations: 7
    objectiveHistory:
[0.49999999999999994,0.4967620357443381,0.4936361664340463,0.4936351537897608,0.4936351214177871,0.49363512062528014,0.4936351206216114]
    +--------------------+
    |           residuals|（残差）
    +--------------------+
    |  -9.889232683103197|
    |  0.5533794340053554|
    |  -5.204019455758823|
    | -20.566686715507508|
    |    -9.4497405180564|
    |  -6.909112502719486|
    |  -10.00431602969873|
    |   2.062397807050484|
    |  3.1117508432954772|
    | -15.893608229419382|
    |  -5.036284254673026|
    |   6.483215876994333|
    |  12.429497299109002|
    |  -20.32003219007654|
    | -2.0049838218725005|
    | -17.867901734183793|
    |   7.646455887420495|
    | -2.2653482182417406|
    |-0.10308920436195645|
    |  -1.380034070385301|
    +--------------------+
    only showing top 20 rows

    RMSE: 10.189077167598475
    r2: 0.022861466913958184
```

结果中，r2 表示的是判定系数，也称为拟合优度，越接近 1 越好。

6.3.2 线性回归：广义线性回归

广义线性模型（Generalized Linear Model，GLM）是在普通线性模型的基础上，将普通线性模型假设进行推广而得出的应用范围更广、更具实用性的回归模型。Spark 的 GeneralizedLinearRegression 接口允许指定 GLM 包括线性回归、泊松回归、逻辑回归等来处理多种预测问题。

与线性回归假设输出服从高斯分布不同，广义线性模型指定线性模型的因变量服从指数型分布。目前 spark.ml 仅支持指数型分布家族 family（含义：模型中使用的误差分布类型）中的一部分类型，比如高斯分布（正态分布）、二项分布、泊松分布等。

有兴趣的读者可以进一步研究，这里仅做简单介绍，具体程序如程序 6-3 所示。

代码位置：//SRC//C06//GeneralizedLinearRegressionExample.scala

程序 6-3 广义线性回归示例

```
import org.apache.spark.ml.regression.GeneralizedLinearRegression
import org.apache.spark.sql.SparkSession

object GeneralizedLinearRegressionExample {

  def main(args: Array[String]): Unit = {
    val spark = SparkSession
      .builder                              //创建 Spark 会话
      .master("local")                      //设置本地模式
      .appName("GeneralizedLinearRegressionExample")  //设置名称
      .getOrCreate()                        //创建会话变量

    //加载数据
    val dataset = spark.read.format("libsvm")
      .load("data/mllib/sample_linear_regression_data.txt")

    //创建 Estimator 并设置参数
    val glr = new GeneralizedLinearRegression()
      .setFamily("gaussian")                //高斯分布
      .setLink("identity")
      .setMaxIter(10)
      .setRegParam(0.3)

    //训练模型
    val model = glr.fit(dataset)

    //打印一些系数（回归系数表）和截距
    println(s"Coefficients: ${model.coefficients}")
    println(s"Intercept: ${model.intercept}")
```

```
      //汇总一些指标并打印结果和一些监控信息
      val summary = model.summary
      println(s"Coefficient Standard Errors:
${summary.coefficientStandardErrors.mkString(",")}")
      println(s"T Values: ${summary.tValues.mkString(",")}")
      println(s"P Values: ${summary.pValues.mkString(",")}")
      println(s"Dispersion: ${summary.dispersion}")
      println(s"Null Deviance: ${summary.nullDeviance}")
      println(s"Residual Degree Of Freedom Null:
${summary.residualDegreeOfFreedomNull}")
      println(s"Deviance: ${summary.deviance}")
      println(s"Residual Degree Of Freedom: ${summary.residualDegreeOfFreedom}")
      println(s"AIC: ${summary.aic}")
      println("Deviance Residuals: ")
      summary.residuals().show()

      spark.stop()
    }
  }
```

其中，link 参数表示连接函数名，描述线性预测器和分布函数均值之间的关系，这里用的是 identity（恒等）。一般情况下，高斯分布对应于恒等式、泊松分布对应于自然对数函数等。

结果请读者自行验证完成。

注意：目前 Spark 在 GeneralizedLinearRegression 中仅支持最多 4096 个特征，如果特征超过 4096 个就会引发异常。Spark 的广义线性回归接口还提供了用于诊断 GLM 模型拟合的汇总统计数据，包括残差、P 值、偏差、Akaike 信息准则等。

6.4 小 结

本章介绍了 ML 计算框架中的核心部分，即梯度下降算法（贯穿本书的始终）。实际上，机器学习的大多数算法都是在使用迭代的情况下最大限度地逼近近似值，这也是学习算法的基础。

对于线性回归过程中产生的系数过拟合现象，本章介绍了常用的解决方法，即系数的正则化。一般情况下正则化有 3 种，分别是 L1、L2 和 ElasticNet 回归，它们的原理都是在回归拟合公式后添加相应的拟合系数来消除产生过拟合的数据。这种做法也是机器学习中常用的过拟合处理手段。

最后对广义线性回归进行计算处理。如果读者感兴趣，可以到相关网站上查阅更深入的资料。

下一章将带领读者进入 ML 的第 3 个部分：数据的分类。

第 7 章

分类实战

本章开始进入 ML 算法中的一个新领域——分类算法。分类算法又称为分类器，是数据挖掘和机器学习领域中的一个非常重要的分支和方向。它原本是统计分析中的一个工具，近年来随着统计学应用的广泛推进而得到越来越多的应用。大数据的分类是分类算法的未来应用趋势。

目前，ML 中的分类算法在全部算法中占据了非常重要的部分，其中包括逻辑回归、支持向量机（SVM）、贝叶斯分类器、多层感知器分类器等。它们包含的一些基本理论和算法将在本章着重进行介绍。

本章有些算法理论部分较为深奥，我们将侧重于从工程应用方面做通俗易懂的解释，希望能够帮助读者在掌握算法使用方法的情况下了解其背后的原理。

本章主要知识点：

- 逻辑回归
- 支持向量机
- 朴素贝叶斯

7.1 逻辑回归详解

逻辑回归和线性回归类似，但是它不属于回归分析家族，差异主要在于变量不同，因此其解法和生成曲线也不尽相同。

ML 中将逻辑回归归类在分类算法中，也是监督学习（多用于二分类）的一个重要算法，本节将主要介绍其基本理论和算法示例。

7.1.1　逻辑回归不是回归算法

逻辑回归并不是回归算法，而是分类算法。逻辑回归其实是在线性回归的基础上套用了一个逻辑函数（或称为 Sigmoid 函数）。逻辑回归本质上是线性回归，只是在特征到结果的映射中加入了一层函数映射，一般是映射到某一个区间内再用区间的差异性判断结果。例如，Sigmoid 函数可以将连续值映射到 0 到 1 之间，模型的概率小于 0.5 就认为该客户能正常还款，模型概率大于 0.5 就认为该客户有可能逾期。

逻辑回归是目前数据挖掘和机器学习领域中使用较为广泛的一种对数据进行处理的算法，一般用于对某些数据或事物的归属及可能性进行评估，目前较为广泛地应用在流行病学中，比较常用的情形是探索某疾病的危险因素，根据危险因素预测某疾病发生的概率等。

例如，想探讨胃癌发生的危险因素，可以选择两组人群：一组是胃癌组，一组是非胃癌组。两组人群肯定有不同的体征和生活方式等。这里的因变量就是是否是胃癌（“是”或“否”），为两分类变量；自变量较多，比如年龄、性别、饮食习惯、幽门螺杆菌感染等。自变量既可以是连续的，也可以是分类的。

逻辑回归并不是回归算法，而是用来分类的一种算法，特别是用在二分分类中。

在上一章中，我们演示了使用线性回归对某个具体数据进行预测的方法，虽然可以看到在二元或者多元的线性回归计算中最终结果与实际相差较大，但是其能够返回一个具体的预测数据。

在现实生活中，某些问题的研究没有正确的答案。比如，在前面讨论的胃癌例子中，尽管收集了各种变量因素，但是在胃癌被确诊定性之前任何人都无法对某人将来是否会诊断出胃癌做出断言，而只能说“有可能”患有胃癌。这个就是逻辑回归，它不会直接告诉你结果的具体数据而会告诉你可能性在哪里。

逻辑回归既可以是二分类的，也可以是多分类的，但是二分类的更为常用，而且更加容易解释。

7.1.2　逻辑回归的数学基础

逻辑回归实际上就是对已有数据进行分析从而判断其结果可能是多少，它可以通过数学公式来表达。

假设已有样本数据集如下：

数据位置：//DATA//D07//u.txt

```
1|2
1|3
1|4
1|5
1|6
0|7
0|8
```

```
0|9
0|10
0|11
```

这里分隔符用以标示分类结果和数据组。如果使用传统的(x,y)值的形式标示，那么 y 为 0 或者 1，x 为数据集中数据的特征向量。

逻辑回归的具体公式如下：

$$f(x)=\frac{1}{1+\exp(-\theta^{\mathrm{T}}x)}$$

与线性回归相同，这里的 θ 是逻辑回归的参数，即回归系数，如果将其进一步变形，使其变成能够反映二元分类问题的公式，则公式为：

$$f(y=1\,|\,x,\theta)=\frac{1}{1+\exp(-\theta^{\mathrm{T}}x)}$$

这里 y 值是由已有的数据集中的数据和 θ 共同决定的。实际上这个公式求的是在满足一定条件下最终取值的对数概率，即由数据集的可能性比值的对数变换得到，通过公式可表示为：

$$\log(x)=\ln\left(\frac{f(y=1\,|\,x,\theta)}{f(y=0\,|\,x,\theta)}\right)=\theta_0+\theta_1x_1+\theta_2x_2+\cdots+\theta_nx_n$$

通过这个逻辑回归倒推公式，最终逻辑回归的计算可以转化成数据集的特征向量与系数 θ 共同完成，然后求得其加权和作为最终的判断结果。

提示：读者可以比较一下逻辑回归与线性回归的差异。

最终逻辑回归问题又称为对系数 θ 的求值问题。在讲解线性回归算法求最优化 θ 值的时候，我们介绍过通过随机梯度算法能够较为准确和方便地求得其最优值，请读者复习一下。

7.1.3 ML 逻辑回归二分类示例

在 ML 中，逻辑回归可用于使用二项式 logistic 回归预测二元结果，也可用于使用多项式 logistic 回归预测多类结果。可以使用“族”参数在这两种算法之间进行选择，也可以不设置该参数，让 Spark 自行根据数据推断出正确的变量。同时，多项式 logistic 回归也可以预测二分类结果。

下面将从二项式 logistic 回归和多项式 logistic 回归（通过将 family 参数设置为“多项式”）两方面来处理逻辑回归的二分类问题。它将产生两组系数和两个截距。

本节采用的例子是 ML 中自带的数据集 sample_libsvm_data.txt，其内容格式如图 7-1 所示。

数据位置：//DATA//D07//sample_libsvm_data.txt

```
sample_libsvm_data.txt - 记事本
文件(F) 编辑(E) 格式(O) 查看(V) 帮助(H)
0 128:51 129:159 130:253 131:159 132:50 155:48 156:238 157:252 158:252 159:252 160:237 182:54 183:227 184:253 185:252 186:23
549:238 550:253 551:162 567:85 568:252 569:249 570:146 571:48 572:29 573:85 574:178 575:225 576:253 577:223 578:167 579:56 5
1 159:124 160:253 161:255 162:63 186:96 187:244 188:251 189:253 190:62 214:127 215:251 216:251 217:253 218:62 241:68 242:236
1 125:145 126:255 127:211 128:31 152:32 153:237 154:253 155:252 156:71 180:11 181:175 182:253 183:252 184:71 209:144 210:253
1 153:5 154:63 155:197 181:20 182:254 183:230 184:24 209:20 210:254 211:254 212:48 237:20 238:254 239:255 240:48 265:20 266:2
1 152:1 153:168 154:242 155:28 180:10 181:228 182:254 183:100 209:190 210:254 211:122 237:83 238:254 239:162 265:29 266:254 2
0 130:64 131:253 132:255 133:63 157:96 158:205 159:251 160:253 161:205 162:111 163:4 184:96 185:189 186:251 187:251 188:253 1
7:251 498:219 499:23 510:190 511:251 512:251 513:94 522:40 523:217 524:253 525:231 526:47 538:191 539:253 540:253 541:253 54
1 159:121 160:254 161:136 186:13 187:230 188:253 189:248 190:99 213:4 214:118 215:253 216:253 217:225 218:42 241:61 242:253 2
1 100:166 101:222 102:55 128:197 129:254 130:218 131:5 155:29 156:249 157:254 158:254 159:9 183:45 184:254 185:254 186:174 18
:5 623:32 624:209 625:183 626:97
0 155:53 156:255 157:253 158:253 159:253 160:124 183:180 184:253 185:251 186:251 187:251 188:251 189:145 190:62 209:32 210:2
1 524:71 541:109 542:251 543:253 544:251 545:35 547:130 548:253 549:251 550:251 551:173 552:20 569:110 570:253 571:255 572:2
0 128:73 129:253 130:227 131:73 132:21 156:73 157:251 158:251 159:251 160:174 182:16 183:166 184:228 185:251 186:251 187:251
188 489:20 492:32 493:109 494:129 495:251 496:173 497:103 512:217 513:251 514:251 515:201 516:30 520:73 521:251 522:251 523:
1 155:178 156:255 157:105 182:6 183:188 184:253 185:216 186:14 210:14 211:202 212:253 213:253 214:23 238:12 239:199 240:253 2
0 154:46 155:105 156:254 157:254 158:254 159:254 160:255 161:239 162:41 180:37 181:118 182:222 183:254 184:253 185:253 186:2
441:254 442:254 443:117 454:118 455:253 456:253 457:154 468:156 469:253 470:253 471:116 482:118 483:253 484:253 485:154 496
0 152:56 153:105 154:220 155:254 156:63 178:18 179:166 180:233 181:253 182:253 183:253 184:236 185:209 186:209 187:209 188:7
483:209 484:253 485:253 486:178 497:2 498:142 499:253 500:208 511:209 512:253 513:253 514:214 515:35 525:30 526:253 527:253
1 130:7 131:176 132:254 133:224 158:51 159:253 160:253 161:223 185:4 186:170 187:253 188:253 189:214 213:131 214:253 215:253
0 155:21 156:176 157:253 158:253 159:124 182:105 183:176 184:251 185:251 186:251 187:251 188:105 208:58 209:217 210:241 211:
454:84 455:236 456:251 457:251 458:253 459:251 460:138 468:73 469:251 470:251 471:251 472:71 481:63 482:236 483:251 484:251
1 151:68 152:45 153:131 154:131 155:131 156:101 157:68 158:92 159:44 187:19 188:170 211:29 212:112 213:89 215:40 216:222 239:
0 125:29 126:170 127:255 128:255 129:141 151:29 152:198 153:255 154:255 155:255 156:226 157:255 158:86 178:141 179:255 180:2
8:114 659:170 660:170 661:170 662:170 663:170 664:86
```

图 7-1　sample_libsvm_data.txt 中内容

这里先介绍一下 libSVM 的数据格式：

```
Label 1:value 2:value ….
```

其中，Label 是类别的标识，比如图中的 0 或者 1，可根据需要自己随意定，比如 100、20、13。本例子做的是回归分析，所以其定义为 0 或者 1。

Value 是要训练的数据，从分类的角度来说就是特征值，数据之间使用空格隔开。每个“:”用于标注向量的序号和向量值，例如数据“1 1:12 3:7 4:1”指的是表示为 1 的那组数据集，第 1 个数据值为 12，第 3 个数据值为 7，第 4 个数据值为 1，第 2 个数据缺失。特征冒号前面的（姑且称作序号）可以不连续。这样做的好处是可以减少内存的使用，并提高计算矩阵内积时的运算速度。

完整代码如程序 7-1 所示。

代码位置：//SRC//C07//LogisticRegressionWithElasticNetExample.scala

程序 7-1　逻辑回归二分类

```
import org.apache.spark.ml.classification.LogisticRegression
import org.apache.spark.sql.SparkSession

object LogisticRegressionWithElasticNetExample {

  def main(args: Array[String]): Unit = {
    val spark = SparkSession
      .builder                        //创建 Spark 会话
```

```
      .master("local")             //设置本地模式
      .appName("LogisticRegressionWithElasticNetExample")  //设置名称
      .getOrCreate()               //创建会话变量

    //$example on$
    //Load training data
    val training =
spark.read.format("libsvm").load("data/mllib/sample_libsvm_data.txt")

    val lr = new LogisticRegression()
      .setMaxIter(10)
      .setRegParam(0.3)
      .setElasticNetParam(0.8)

    //Fit the model
    val lrModel = lr.fit(training)

    //打印逻辑回归的系数和截距
    println(s"Coefficients: ${lrModel.coefficients} Intercept:
${lrModel.intercept}")

    //通过将 family 参数设置为“多项式”，多项式 logistic 回归也可用于二元分类
    val mlr = new LogisticRegression()
      .setMaxIter(10)
      .setRegParam(0.3)
      .setElasticNetParam(0.8)
      .setFamily("multinomial")

    val mlrModel = mlr.fit(training)

    //打印逻辑回归的系数和截距
    println(s"Multinomial coefficients: ${mlrModel.coefficientMatrix}")
    println(s"Multinomial intercepts: ${mlrModel.interceptVector}")

    spark.stop()
  }
}
```

关于 family 这个参数，默认值为“auto”，根据类的数量自动选择族：如果 numClasses 为 1 或者为 2，则设置为“二项式”；否则设置为“多项式 multinomial”。其实逻辑回归的例子已经在第 3 章 Pipeline 的应用里出现过，读者也可以回到前面的例子进行对比学习。结果请读者自行验证完成。

7.1.4　ML 逻辑回归多分类示例

逻辑回归分类器（Logistic Regression Classifier）是机器学习领域著名的分类模型，常用于解决二分类（Binary Classification）问题。在工作、学习、项目中，我们经常要解决多分类（Multiclass Classification）问题。在判断其可能性的时候，需要综合考虑多种因素，因此在进行数据回归分析时并不能简单地使用二项逻辑回归，使用直线分类太过简单，因为有很多情况下样本的分类决策边界并不是一条直线。

本节采用的例子是 ML 中自带的数据集 sample_multiclass_classification_data.txt，其内容格式如图 7-2 所示。

数据位置：//DATA//D07//sample_multiclass_classification_data.txt

```
sample_multiclass_classification_data.txt - 记事本
文件(F) 编辑(E) 格式(O) 查看(V) 帮助(H)
1 1:-0.222222 2:0.5 3:-0.762712 4:-0.833333
1 1:-0.555556 2:0.25 3:-0.864407 4:-0.916667
1 1:-0.722222 2:-0.166667 3:-0.864407 4:-0.833333
1 1:-0.722222 2:0.166667 3:-0.694915 4:-0.916667
0 1:0.166667 2:-0.416667 3:0.457627 4:0.5
1 1:-0.833333 3:-0.864407 4:-0.916667
2 1:-1.32455e-07 2:-0.166667 3:0.220339 4:0.0833333
2 1:-1.32455e-07 2:-0.333333 3:0.0169491 4:-4.03573e-08
1 1:-0.5 2:0.75 3:-0.830508 4:-1
0 1:0.611111 3:0.694915 4:0.416667
0 1:0.222222 2:-0.166667 3:0.423729 4:0.583333
1 1:-0.722222 2:-0.166667 3:-0.864407 4:-1
1 1:-0.5 2:0.166667 3:-0.864407 4:-0.916667
2 1:-0.222222 2:-0.333333 3:0.0508474 4:-4.03573e-08
2 1:-0.0555556 2:-0.833333 3:0.0169491 4:-0.25
2 1:-0.166667 2:-0.416667 3:-0.0169491 4:-0.0833333
1 1:-0.944444 3:-0.898305 4:-0.916667
2 1:-0.277778 2:-0.583333 3:-0.0169491 4:-0.166667
0 1:0.111111 2:-0.333333 3:0.38983 4:0.166667
2 1:-0.222222 2:-0.166667 3:0.0847457 4:-0.0833333
0 1:0.166667 2:-0.333333 3:0.559322 4:0.666667
1 1:-0.611111 2:0.0833333 3:-0.864407 4:-0.916667
2 1:-0.333333 2:-0.583333 3:0.0169491 4:-4.03573e-08
0 1:0.555555 2:-0.166667 3:0.661017 4:0.666667
2 1:0.166667 3:0.186441 4:0.166667
2 1:0.111111 2:-0.75 3:0.152542 4:-4.03573e-08
2 1:0.166667 2:-0.25 3:0.118644 4:-4.03573e-08
0 1:-0.0555556 2:-0.833333 3:0.355932 4:0.166667
0 1:-0.277778 2:-0.333333 3:0.322034 4:0.583333
2 1:-0.222222 2:-0.5 3:-0.152542 4:-0.25
2 1:-0.111111 3:0.288136 4:0.416667
2 1:-0.0555556 2:-0.25 3:0.186441 4:0.166667
2 1:0.333333 2:-0.166667 3:0.355932 4:0.333333
```

图 7-2　sample_multiclass_classification_data.txt 中的内容

这里首先介绍一下它的数据格式：

```
Label 1:value 2:value …
```

Label 是类别的标识，比如图中的 0 或者 1，可根据需要自己随意定，比如 100、20、13。本例子由于是做的回归分析，那么其定义为 0 或者 1。

Value 是要训练的数据，从分类的角度来看就是特征值，数据之间使用空格隔开。而每个“:”用于标注向量的序号和向量值。例如数据：

```
1 1:12 3:7 4:1
```

指的是表示为 1 的那组数据集，第 1 个数据值为 12，第 3 个数据值为 7，第 4 个数据值为 1，第 2 个数据缺失。特征冒号前面的（称作序号）可以不连续。这样做的好处可以减少内存的使用，并提高计算矩阵内积时的运算速度。

下面的示例演示如何使用弹性网络正则化训练多分类逻辑回归模型，以及如何提取多类训练摘要以评估模型。

逻辑回归多分类处理的完整代码如程序 7-2 所示。

代码位置：//SRC//C07//MulticlassLogisticRegressionWithElasticNetExample.scala

程序 7-2　逻辑回归多分类处理

```
import org.apache.spark.ml.classification.LogisticRegression
import org.apache.spark.sql.SparkSession

object MulticlassLogisticRegressionWithElasticNetExample {

  def main(args: Array[String]): Unit = {
    val spark = SparkSession
      .builder                    //创建 Spark 会话
      .master("local")            //设置本地模式
      .appName("MulticlassLogisticRegressionWithElasticNetExample")  //设置名称
      .getOrCreate()              //创建会话变量


    //加载数据
    val training = spark
      .read
      .format("libsvm")
      .load("data/mllib/sample_multiclass_classification_data.txt")

    val lr = new LogisticRegression()
      .setMaxIter(10)
      .setRegParam(0.3)
      .setElasticNetParam(0.8)

    //训练模型
    val lrModel = lr.fit(training)

    //打印逻辑回归的系数和截距
    println(s"Coefficients: \n${lrModel.coefficientMatrix}")
    println(s"Intercepts: \n${lrModel.interceptVector}")

    val trainingSummary = lrModel.summary

    //获取每次的迭代对象
    val objectiveHistory = trainingSummary.objectiveHistory
```

```
      println("objectiveHistory:")
      objectiveHistory.foreach(println)

      //对于多分类问题，我们可以基于每个标签观察矩阵，并打印一些汇总信息
      println("False positive rate by label:")
      trainingSummary.falsePositiveRateByLabel.zipWithIndex.foreach   {   case
(rate, label) =>
        println(s"label $label: $rate")
      }

      println("True positive rate by label:")
      trainingSummary.truePositiveRateByLabel.zipWithIndex.foreach { case (rate,
label) =>
        println(s"label $label: $rate")
      }

      println("Precision by label:")
      trainingSummary.precisionByLabel.zipWithIndex.foreach { case (prec, label) =>
        println(s"label $label: $prec")
      }

      println("Recall by label:")
      trainingSummary.recallByLabel.zipWithIndex.foreach { case (rec, label) =>
        println(s"label $label: $rec")
      }


      println("F-measure by label:")
      trainingSummary.fMeasureByLabel.zipWithIndex.foreach { case (f, label) =>
        println(s"label $label: $f")
      }

      val accuracy = trainingSummary.accuracy
      val falsePositiveRate = trainingSummary.weightedFalsePositiveRate
      val truePositiveRate = trainingSummary.weightedTruePositiveRate
      val fMeasure = trainingSummary.weightedFMeasure
      val precision = trainingSummary.weightedPrecision
      val recall = trainingSummary.weightedRecall
      println(s"Accuracy:       $accuracy\nFPR:       $falsePositiveRate\nTPR:
$truePositiveRate\n" +
        s"F-measure: $fMeasure\nPrecision: $precision\nRecall: $recall")


      spark.stop()
    }
  }
```

setRegParam()设置正则化项系数（默认为 0.0）。正则化主要用于防止过拟合现象，如果数据集较小、特征维数又多，就易出现过拟合，此时可以考虑增大正则化系数。

该算法产生 K 组系数或一个维数为 $K \times J$ 的矩阵，其中 K 是结果类的数量，J 是特征的数量。多项式训练的 logistic 回归模型不支持系数和截距方法，改用系数矩阵和截距向量。

7.1.5 ML 逻辑回归汇总提取

在 7.1.4 节中，笔者使用 ML 自带的例子进行了逻辑回归多项式曲线的处理。ML 实现的逻辑回归还支持在训练集中提取模型摘要，代码如程序 7-3 所示。

代码位置：//SRC//C07//LogisticRegressionSummaryExample.scala

程序 7-3 逻辑回归摘要提取

```
import org.apache.spark.ml.classification.LogisticRegression

import org.apache.spark.sql.SparkSession
import org.apache.spark.sql.functions.max

object LogisticRegressionSummaryExample {

  def main(args: Array[String]): Unit = {
    val spark = SparkSession
      .builder                      //创建 Spark 会话
      .master("local")              //设置本地模式
      .appName("LogisticRegressionSummaryExample")  //设置名称
      .getOrCreate()                //创建会话变量
    import spark.implicits._

    //加载数据
    val training =
spark.read.format("libsvm").load("data/mllib/sample_libsvm_data.txt")

    val lr = new LogisticRegression()
      .setMaxIter(10)
      .setRegParam(0.3)
      .setElasticNetParam(0.8)

    //训练模型
    val lrModel = lr.fit(training)

    //在上面的模型里提取摘要
    val trainingSummary = lrModel.binarySummary

    //获取每一次迭代的对象
    val objectiveHistory = trainingSummary.objectiveHistory
    println("objectiveHistory:")
    objectiveHistory.foreach(loss => println(loss))

    //获取 AUC 值，AUC 值越大，表示分类器的预测效果越好
    val roc = trainingSummary.roc
    roc.show()
    println(s"areaUnderROC: ${trainingSummary.areaUnderROC}")

    //设置模型阈值以最大化 F 值
    val fMeasure = trainingSummary.fMeasureByThreshold
    val maxFMeasure = fMeasure.select(max("F-Measure")).head().getDouble(0)
    val bestThreshold = fMeasure.where($"F-Measure" === maxFMeasure)
```

```
      .select("threshold").head().getDouble(0)
    lrModel.setThreshold(bestThreshold)


    spark.stop()
  }
}
```

AUC 是一种用来度量分类模型好坏的标准。AUC 的值就是处于 ROC curve 下方的那部分面积的大小。通常，AUC 的值介于 0.5 到 1.0 之间，较大的 AUC 代表了较好的表现。AUC 的值越大，表示分类器的预测效果越好。AUC 的计算方法同时考虑了分类器对于正例和负例的分类能力，在样本不平衡的情况下依然能够对分类器做出合理的评价。

注意，在 LogisticRegressionSummary 中存储为 DataFrame 的预测和矩阵被注释为 @transient，这个注解一般用于序列化的时候标识某个字段不用被序列化，意思是它是瞬态的，序列化的时候会忽略这个值，反序列化这个值就没有了。

7.1.6　ML 逻辑回归处理文本文档

本示例可以直接使用程序 4-2，并参考 4.1.5 节 Pipeline 使用的相关内容，按照实际案例和本章的基础理论进行学习和验证即可。

最后分析一下逻辑回归的优缺点。

- 优点：计算代价低，速度快，容易理解和实现。逻辑回归在时间和内存需求上相当高效。它既可以应用于分布式数据，也可以实现用较少的资源处理大型数据。
- 缺点：容易欠拟合，分类和回归的精度不高。在数据特征有缺失或特征空间很大的情况下，效果不会很好。

7.2　线性支持向量机详解

支持向量机（Support Vector Machine，SVM）是数据挖掘中的一个新方法，最初是为二值分类问题设计的，可以非常成功地处理回归（时间序列分析）和模式识别（分类问题、判别分析）等诸多问题，并可推广到预测和综合评价等领域，因此可应用于理科、工科和管理工程等多种学科。

ML 对支持向量机算法有较好的支持，用来解决一般线性回归和逻辑回归不好处理的数据分类问题，结果验证其准确性较好。线性支持向量机是一个用于大规模分类任务的标准方法。支持向量机本身便是一种监督式学习的方法。

支持向量机在很多诸如文本分类、图像分类、生物序列分析和生物数据挖掘、手写字符识别等领域有很多应用。

支持向量机可以解决股票价格回归等问题，但是在回归上支持向量机还是很有局限的，支持向量机大部分会和分类放在一起。或许读者并没有强烈地意识到支持向量机可以成功应用的领域远远超出现在已经应用的领域。

目前，Spark ML 库的支持向量机算法支持使用线性支持向量机进行二分类问题，不过仅支持 L2 正则化。

7.2.1 三角还是圆

三角和圆是一个二维平面图中被区分的两个不同类别，其分布如图 7-3 所示。现在问题来了，想按一定的模式对其进行划分时，其划分的边界在哪里？

从图 7-3 中可以看出，a 线和 b 线分别是可以满足划分的边界线，它们都可以将三角和圆正确划分出来。除此之外，还有无数条直线可以将其分开。如果要选择一条能够完全反映三角和圆的最优化边界，就需要使用支持向量机。

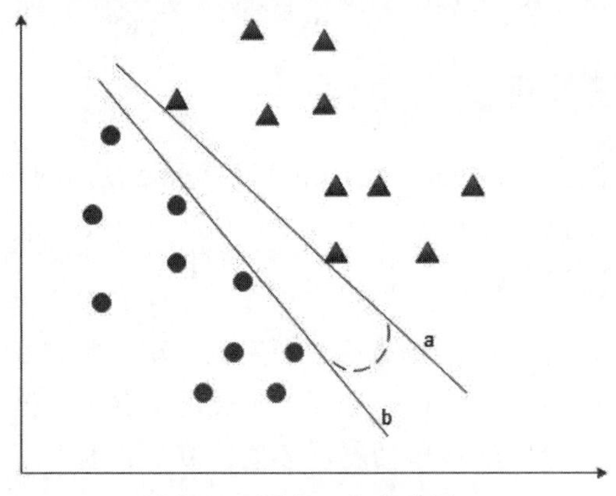

图 7-3 圆与三角分类图

所谓最优化边界，指的是能够最公平划分上下区间的线段。正常理解，如果能够找到一条在 a 线和 b 线正中间的那条线，就可以将其划分，如图 7-4 所示。

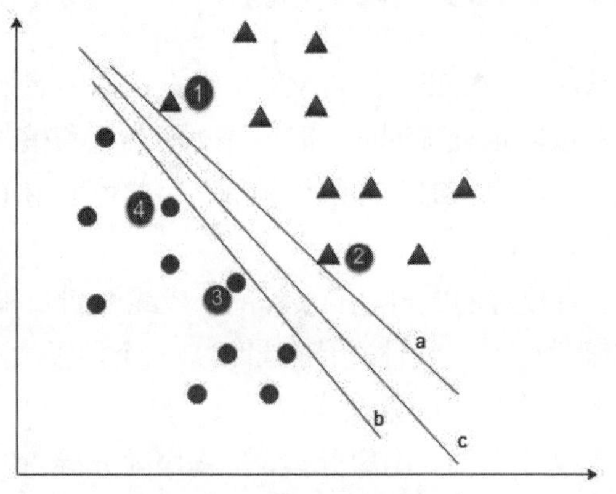

图 7-4 圆与三角分类示例

公平线（c 线）是由 a 线和 b 线共同确定的，即 a 线和 b 线给定后，c 线就可以确定。此种方法的好处在于，只要 a 线和 b 线确定，则分类平面确定，其中的改变不受任何数据和噪声的干扰。

在图 7-4 中标明了 4 个点，据此可以确定 a 线和 b 线。这 4 个关键的点在支持向量机中被称为支持向量。只要确定了支持向量，分类平面即可唯一确定，如图 7-5 所示。

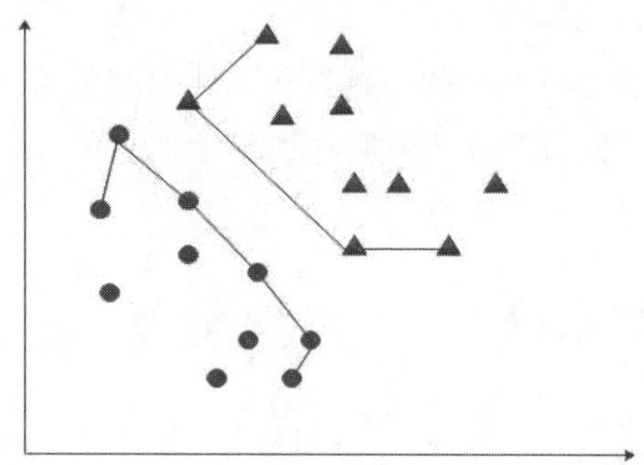

图 7-5　支持向量机分类后的圆与三角示意图

这种通过找到支持向量从而获得分类平面的方法称为支持向量机。支持向量机的目的就是通过划分最优平面使不同的类别分开。

7.2.2　支持向量机的数学基础

经过上一节的讲解，读者对支持向量机的模型和原理有了一个大概的了解。下面将讲解支持向量机的数学基础。

在讲解线性模型的时候，任何一个线性回归模型都可以使用如下公式来表达：

$$f(x) = ax + b$$

其中，a 和 b 分别是公式的系数。若将其推广到线性空间中，则公式如下：

$$f(x) = \boldsymbol{w}^{\mathrm{T}} x + b$$

用图形的形式表示如图 7-6 所示。

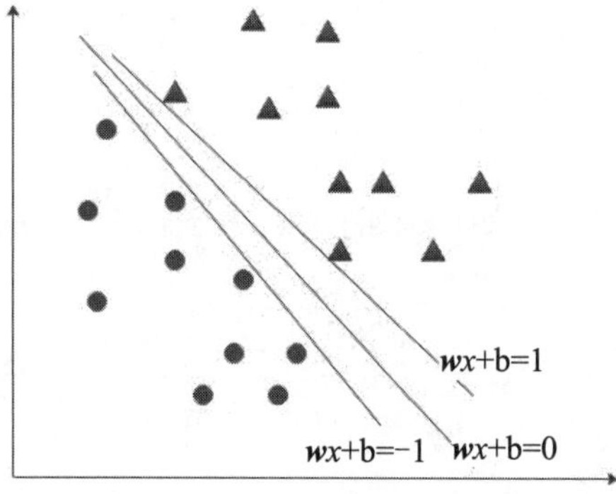

图 7-6　线性将图形分类

这里人为地将图形分成三部分：当 $f(x)=0$ 时，可以将 x 认为属于分割面上的点；当 $f(x)>0$ 时，可以近似地认为 $f(x)=1$，从而将其确定为三角形的分类；当 $f(x)<0$ 时，可以认为 $f(x)=-1$，将其归为圆形的类。

通过上述方法，支持向量机模型最终转化为一般的代数计算问题。将 x 的值带入公式计算 $f(x)$的值，从而判断 x 所属的位置。

下面的问题就转化为求解方程系数的问题，即如何求得公式中 w 和 b 的大小，从而确定公式。此类方法和线性回归求极值的方法类似，但是过于复杂，本书不再进行探讨，有兴趣的读者可以自行查阅相关资料学习。

7.2.3 ML 支持向量机示例

对于训练模型，代码如下：

```
def train(dataset: Dataset[_]): LinearSVCModel = instrumented {
```

与其他训练模型一样，DataFrame 是最基本的数据结构，可以使用 spark.read.format("libsvm") .load("")方法读取特定的数据；MaxIter 是迭代的次数，根据配置资源的情况可以自行设定。

这里读取 ML 中自带的数据集 sample_libsvm_data.txt 作为本次的数据集。完整代码如程序 7-4 所示。

代码位置：//SRC//C07//LinearSVCExample.scala

程序 7-4 支持向量机

```
import org.apache.spark.ml.classification.LinearSVC
import org.apache.spark.sql.SparkSession

object LinearSVCExample {

  def main(args: Array[String]): Unit = {
    val spark = SparkSession
      .builder                          //创建 Spark 会话
      .master("local")                  //设置本地模式
      .appName("LinearSVCExample")      //设置名称
      .getOrCreate()                    //创建会话变量


    //加载数据
    val training =
spark.read.format("libsvm").load("data/mllib/sample_libsvm_data.txt")

    val lsvc = new LinearSVC()
      .setMaxIter(10)
      .setRegParam(0.1)

    //训练模型
    val lsvcModel = lsvc.fit(training)
```

```
    //打印系数和截距
    println(s"Coefficients: ${lsvcModel.coefficients} Intercept:
${lsvcModel.intercept}")

    spark.stop()
  }
}
```

提示： 为了简便起见，本例使用了常用的数据模型，这里读者可以根据需要使用 LabeledPoint 特定的数据格式建立和读取相应的数据。

7.2.4 ML 支持向量机进行分类预测

在逻辑回归的讲解中，我们使用逻辑回归分析了文本文档处理。这里将使用支持向量机来进行分类预测。

对于数据的处理，因为在 ML 中数据的格式是通用的，所以可以使用类似的数据读取方式来训练相关数据，同样读取 ML 中自带的数据集 sample_libsvm_data.txt 作为本次的数据集。对于数据结果的验证，同样可以使用验证方式对数据结果进行精度验证。具体代码如程序 7-5 所示。

代码位置：//SRC//C07//SVMTest.scala

程序 7-5　使用支持向量机分类预测实例

```
import org.apache.spark.ml.Pipeline
import org.apache.spark.ml.classification.LinearSVC
import org.apache.spark.ml.evaluation.MulticlassClassificationEvaluator
import org.apache.spark.ml.feature.{PCA, StandardScaler}
import org.apache.spark.sql.SparkSession

object SVMTest {
  def main(args: Array[String]): Unit = {
    val spark = SparkSession
      .builder                    //创建 Spark 会话
      .master("local")            //设置本地模式
      .appName("SVMTest")         //设置名称
      .getOrCreate()              //创建会话变量

    //加载数据
    val data =
spark.read.format("libsvm").load("data/mllib/sample_libsvm_data.txt")

    //数据归一化
    val scaler = new StandardScaler()
      .setInputCol("features")
      .setOutputCol("scaledfeatures")
      .setWithMean(true)
      .setWithStd(true)
```

```
    val scalerdata = scaler.fit(data)
    val scaleddata =
scalerdata.transform(data).select("label","scaledfeatures").toDF("label","feat
ures")

    //PCA 降维
    val pca = new PCA()
      .setInputCol("features")
      .setOutputCol("pcafeatures")
      .setK(5)
      .fit(scaleddata)
    val pcadata =
pca.transform(scaleddata).select("label","pcafeatures").toDF("label","features
")

    //划分数据集
    val Array(trainData, testData) = pcadata.randomSplit(Array(0.8, 0.2), seed
= 20)

    //创建 SVM
    val lsvc = new LinearSVC()
      .setMaxIter(10)
      .setRegParam(0.1)
    //创建 pipeline
    val pipeline = new Pipeline()
      .setStages(Array(scaler, pca, lsvc))
    //训练模型
    val lsvcmodel = pipeline.fit(trainData)

    //验证精度
    val res = lsvcmodel.transform(testData).select("prediction","label")
    val evaluator = new MulticlassClassificationEvaluator()
      .setLabelCol("label")
      .setPredictionCol("prediction")
      .setMetricName("accuracy")

    val accuracy = evaluator.evaluate(res)
    println(s"Accuracy = ${accuracy}")

    spark.stop()

  }
}
```

提示：在验证模型的时候与逻辑分类交替试验，并观察非线性模型的分类、逻辑回归和支持向量机各有何优势。

7.3 朴素贝叶斯分类器详解

贝叶斯方法是统计分析中一个最基本的数据分析方法，是基于假设的先验概率、给定假设下观察到不同数据的概率以及观察到的数据本身而得出结果的。其方法为，将关于未知参数的先验信息与样本信息综合，再根据贝叶斯公式得出后验信息，然后根据后验信息去推断未知参数的方法。

ML 也采用贝叶斯算法对数据进行分类处理，本节将介绍贝叶斯算法的理论基础，并使用贝叶斯算法对数据进行分类处理。

本节中使用的公式较多，我们尽量使用通俗的语言来讲解。如果只是想使用贝叶斯方法处理数据，可以直接跳过公式部分。

7.3.1　穿裤子的男生 or 女生

维基百科上有一个例子：一所学校里面有 40 个男生、40 个女生，男生有 10 个穿长裤、30 个穿短裤，女生有 20 个穿长裤、20 个穿裙子（见图 7-7）。假设你走在校园中，迎面走来一个穿长裤的学生（很不幸的是你高度近似，你只看得见他（她）穿的是否为长裤，而无法确定他（她）的性别），你能够推断出他（她）是男生的概率是多大吗？

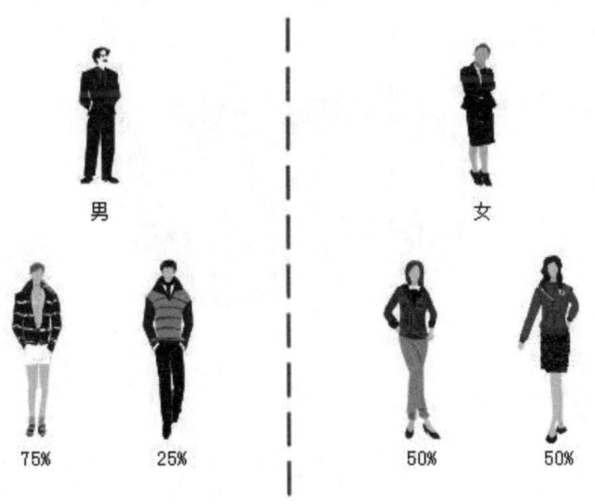

图 7-7　男女着装图

为了方便计算，这里使用符号 B 代表男生、G 代表女生。男生、女生在人数上一样，因此这里可以认为 $P(B)=P(G)$，即在没有确认人数的时候，男生和女生被认定的概率是一样的。因此 $P(B)=P(G)=0.5$，这个概率有一个专有名词叫作“先验概率”。

继续假定：用 T 来表示穿裤子的学生。所以整个问题就转化为在已知 T 的情况下，这个穿裤子的学生是男生的概率有多大？用数学方法表示即为 $P(T|B)$是多少？这个概率叫作“后验概率”。

提示：下面的公式可参考 7.3.2 节贝叶斯数学基础进行学习。

根据条件概率公式，可以得到如下推断：

$$P(B|T) = P(B)\frac{P(T|B)}{P(T)}$$

这个公式表明在概率上穿裤子的男生和男生穿裤子的数量是一样的。

如果想解决这个问题，就要转化为求 $P(B)$、$P(T|B)$、$P(T)$的问题。前面已经说了，$P(B)$为男生或者女生概率，因为男生和女生都是 40 人，所以都是 0.5 的值。$P(T|B)$为男生穿裤子的概率，其值为 0.25。$P(T)$是全部学生穿裤子的概率，利用全概率公式可以得到：

$$P(T) = P(T|B)P(B) + P(T|G)P(G) = 0.25 \times 0.5 + 0.5 \times 0.5 = 0.375$$

因此 $P(B|T)$的计算如下：

$$P(B|T) = P(B)\frac{P(T|B)}{P(T)} = 0.5 \times \frac{0.25}{0.375} \approx 0.33$$

因此，穿裤子的学生是男生的概率是 0.33，是女生的概率为 0.67，即是女生的概率较大。

7.3.2 贝叶斯定理的数学基础和意义

概率交集的示意图如图 7-8 所示。

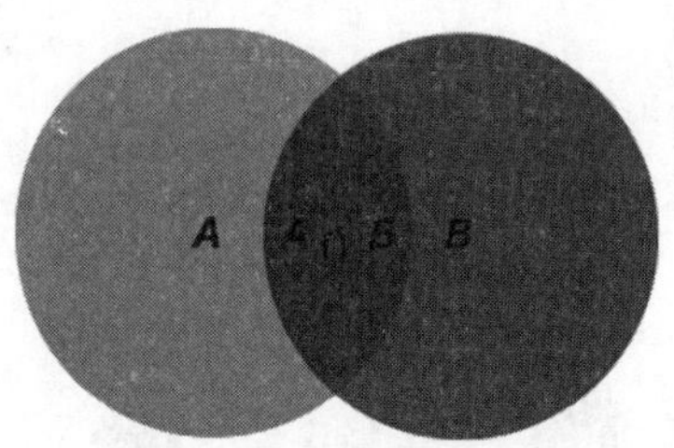

图 7-8 概率交集

其中，条件概率的公式用数学形式可表示为：

$$p(AB) = P(B)P(B|A) = P(A)P(A|B)$$

即 A、B 共同发生的概率可以由 A 发生的条件下 B 发生的概率与 A 概率相乘获得。这里将条件概率进行转换，可以得到：

$$p(A|B) = \frac{P(B)P(B|A)}{P(A)}$$

更进一步地将贝叶斯公式进行推广，假设一个事件 A 发生的概率是由一系列的因素($V_1,V_2,V_3,V_4,V_5,V_6,\cdots,V_n$)决定的，则可以将事件 A 用全概率公式得到：

$$p(A)=P(A|V_1)P(V_1)+P(A|V_2)P(V_2)+\cdots+P(A|V_n)P(V_n)$$

这里 $P(A|V_n)P(V_n)$指的是在因素 V_n 发生的情况下 A 发生的概率。结合条件概率公式，可以得到贝叶斯公式：

$$P(V_n\mid A)=\frac{P(A|V_n)P(V_n)}{P(A|V_1)P(V_1)+P(A|V_2)P(V_2)+\cdots+P(A|V_n)P(V_n)}=\frac{P(A|V_n)P(V_n)}{\sum P(A|V_n)P(V_n)}$$

其中，$P(V_n|A)$为所求的概率，即为“后验概率”，指的是事件 A 发生之后对 A 事件发生的概率而进行的依次重新估计。

7.3.3　朴素贝叶斯定理

举个例子，假设你走在大学校园中，看到一个年轻的男生或者女生，如果让你回答这个男生或者女生是干什么的，我觉得你一定会猜他就是这个大学的学生。因为在校园中遇见男学生或者女学生的比率最大，即使也有别的可能性，一般也会选择可能性最大的那个。这就是朴素贝叶斯定理所要揭示的规律。

朴素贝叶斯的数学表达可以如下定义：

$\boldsymbol{V}=(\boldsymbol{v}_1,\boldsymbol{v}_2,\boldsymbol{v}_3,\cdots,\boldsymbol{v}_n)$是一个待分项，而 $\boldsymbol{v}_n$ 为 $\boldsymbol{V}$ 的每个特征向量。

$B=(b_1,b_2,b_3,\cdots,b_n)$是一个分类集合，$b_n$ 为每个具体的分类。

如果需要测试某个 $\boldsymbol{v}_n$ 归属于 $\boldsymbol{B}$ 集合中的哪个具体分类，则需要计算 $P(b_n|\boldsymbol{V})$，即在 $\boldsymbol{V}$ 发生的条件下，归属于 $b_1,b_2,b_3,\cdots,b_n$ 中的哪个可能性最大。即：

$$p(b_n\mid\boldsymbol{V})=\max(P(b_1\mid\boldsymbol{V}),P(b_2\mid\boldsymbol{V}),P(b_3\mid\boldsymbol{V}),\cdots,P(b_n\mid\boldsymbol{V}))$$

因此，这个问题转变成求每个待分项分配到集合中具体分类的概率是多少。这个具体概率的求法可以使用贝叶斯定律：

$$P(b_n\mid\boldsymbol{V})=\frac{\mathrm{P}(b_n)P(\boldsymbol{V}\mid b_n)}{P(\boldsymbol{V})}$$

分子条件概率的求法可由如下公式求得：

$$P(b_n)P(\boldsymbol{V}\mid b_n)=P(\boldsymbol{v}_1\mid b_n)P(\boldsymbol{v}_2\mid b_n)\cdots P(\boldsymbol{v}\mid b_n)P(b_n)=\prod P(\boldsymbol{v}_n\mid b_n)P(b_n)$$

此为朴素贝叶斯计算公式。

7.3.4　ML 朴素贝叶斯使用示例

ML 中贝叶斯方法主要是作为多类分类器进行使用的，是一系列基于朴素贝叶斯的算法。基于贝叶斯定理，每对特征之间具有强（朴素）独立性假设，即所有朴素贝叶斯分类器都假定样本每个特征与其他特征都不相关。其目的是根据向量的不同对其进行分类处理。

朴素贝叶斯可以非常有效地训练。通过对训练数据的单次传递，它计算给定每个标签的每个特征的条件概率分布。对于预测，它应用贝叶斯定理计算给定观测值每个标签的条件概率分布。

ML 中的贝叶斯方法支持多项式朴素贝叶斯（Multinomial naive Bayes），可以处理有限支持的离散数据。例如，通过将文档转换为 TF-IDF 向量，可以将其用于文档分类，使每个向量成为二进制（0/1）数据。它也支持伯努利朴素贝叶斯（Bernoulli naive Bayes），和多项式朴素贝叶斯的输入特征值一样必须为非负值。

从 Spark 3.0 开始，ML 开始支持 Complement naive Bayes（是多项式朴素贝叶斯的改编形式），以及高斯朴素贝叶斯（Gaussian naive Bayes，可以处理连续数据）。

Multinomial naive Bayes、Bernoulli naive Bayes、Complement naive Bayes 通常用于文档分类，使用可选参数“Multinomial”“Complement”“Bernoulli”或“Gaussian”选择模型类型，默认为“Multinomial”。对于文档分类，输入的特征向量通常是稀疏向量。由于训练数据只使用一次，因此无须缓存。

这里采用 ML 中自带的数据进行处理，其格式如图 7-9 所示。

数据位置：//DATA//D07//sample_libsvm_data.txt

```
sample_libsvm_data.txt - 记事本
文件(F) 编辑(E) 格式(O) 查看(V) 帮助(H)
0 128:51 129:159 130:253 131:159 132:50 155:48 156:238 157:252 158:252 159:252 160:237 182:54 183:227 184:253 185:252 186:23
549:238 550:253 551:162 567:85 568:252 569:249 570:146 571:48 572:29 573:85 574:178 575:225 576:253 577:223 578:167 579:56 5
1 159:124 160:253 161:255 162:63 186:96 187:244 188:251 189:253 190:62 214:127 215:251 216:251 217:253 218:62 241:68 242:236
1 125:145 126:255 127:211 128:31 152:32 153:237 154:253 155:252 156:71 180:11 181:175 182:253 183:252 184:71 209:144 210:253
1 153:5 154:63 155:197 181:20 182:254 183:230 184:24 209:20 210:254 211:254 212:48 237:20 238:254 239:255 240:48 265:20 266:2
1 152:1 153:168 154:242 155:28 180:10 181:228 182:254 183:100 209:190 210:254 211:122 237:83 238:254 239:162 265:29 266:254
0 130:64 131:253 132:255 133:63 157:96 158:205 159:251 160:253 161:205 162:111 163:4 184:96 185:189 186:251 187:251 188:253 1
7:251 498:219 499:23 510:190 511:251 512:251 513:94 522:40 523:217 524:253 525:231 526:47 538:191 539:253 540:253 541:253 54
1 159:121 160:254 161:136 186:13 187:230 188:253 189:248 190:99 213:4 214:118 215:253 216:253 217:225 218:42 241:61 242:253
1 100:166 101:222 102:55 128:197 129:254 130:218 131:5 155:29 156:249 157:254 158:254 159:9 183:45 184:254 185:254 186:174
:5 623:32 624:209 625:183 626:97
0 155:53 156:255 157:253 158:253 159:253 160:124 183:180 184:253 185:251 186:251 187:251 188:251 189:145 190:62 209:32 210:2
1 524:71 541:109 542:251 543:253 544:251 545:35 547:130 548:253 549:251 550:251 551:173 552:20 569:110 570:253 571:255 572:2
0 128:73 129:253 130:227 131:73 132:21 156:73 157:251 158:251 159:251 160:174 182:16 183:166 184:228 185:251 186:251 187:251
188 489:20 492:32 493:109 494:129 495:251 496:173 497:103 512:217 513:251 514:251 515:201 516:30 520:73 521:251 522:251 523:
1 155:178 156:255 157:105 182:6 183:188 184:253 185:216 186:14 210:14 211:202 212:253 213:253 214:23 238:12 239:199 240:253
0 154:46 155:105 156:254 157:254 158:254 159:254 160:255 161:239 162:41 180:37 181:118 182:222 183:254 184:253 185:253 186:2
441:254 442:254 443:117 454:118 455:253 456:253 457:154 468:156 469:253 470:253 471:116 482:118 483:253 484:253 485:154 496
0 152:56 153:105 154:220 155:254 156:63 178:18 179:166 180:233 181:253 182:253 183:253 184:236 185:209 186:209 187:209 188:7
483:209 484:253 485:253 486:178 497:2 498:142 499:253 500:208 511:209 512:253 513:253 514:214 515:35 525:30 526:253 527:253
1 130:7 131:176 132:254 133:224 158:51 159:253 160:253 161:223 185:4 186:170 187:253 188:253 189:214 213:131 214:253 215:253
0 155:21 156:176 157:253 158:253 159:124 182:105 183:176 184:251 185:251 186:251 187:251 188:105 208:58 209:217 210:241 211:
454:84 455:236 456:251 457:251 458:253 459:251 460:138 468:73 469:251 470:251 471:251 472:71 481:63 482:236 483:251 484:251
1 151:68 152:45 153:131 154:131 155:131 156:101 157:68 158:92 159:44 187:19 188:170 211:29 212:112 213:89 215:40 216:222 239:
0 125:29 126:170 127:255 128:255 129:141 151:29 152:198 153:255 154:255 155:255 156:226 157:255 158:86 178:141 179:255 180:2
8:114 659:170 660:170 661:170 662:170 663:170 664:86
```

图 7-9 数据集格式

其中第一列是每行的标签。实例代码如程序 7-6 所示。

代码位置：//SRC//C07//NaiveBayesExample.scala

程序 7-6 ML 朴素贝叶斯使用示例

```
import org.apache.spark.ml.classification.NaiveBayes
import org.apache.spark.ml.evaluation.MulticlassClassificationEvaluator
import org.apache.spark.sql.SparkSession
```

```
object NaiveBayesExample {
  def main(args: Array[String]): Unit = {
    val spark = SparkSession
      .builder                                  //创建 Spark 会话
      .master("local")                          //设置本地模式
      .appName("NaiveBayesExample")             //设置名称
      .getOrCreate()                            //创建会话变量

    //加载以 LIBSVM 格式存储的数据作为数据帧
    val data =
spark.read.format("libsvm").load("data/mllib/sample_libsvm_data.txt")

    //将数据分成训练集和测试集（30%用于测试）
    val Array(trainingData, testData) = data.randomSplit(Array(0.7, 0.3), seed
= 1234L)

    //训练一个朴素贝叶斯模型
    val model = new NaiveBayes()
      .fit(trainingData)
    //选择要显示的示例行
    val predictions = model.transform(testData)
    predictions.show()

    //选择（预测，真标签）并计算测试集误差
    val evaluator = new MulticlassClassificationEvaluator()
      .setLabelCol("label")
      .setPredictionCol("prediction")
      .setMetricName("accuracy")
    val accuracy = evaluator.evaluate(predictions)
    println(s"Test set accuracy = $accuracy")

    spark.stop()
  }
}
```

需要说明的是，训练模型有一个变量 modelType，类型为字符串（区分大小写），使用可选参数“Multinomial”“Complement”“Bernoulli”或“Gaussian”选择模型类型，默认为“Multinomial”。Spark 还提供了一种技术，叫作平滑操作。对于测试集中的一个类别变量特征，如果在训练集里没有见过，那么直接算的话概率就是 0，而平滑操作可以缓解预测功能失效的这个问题。预测部分可以使用如下代码完成：

```
val predictions = model.transform(testData)
```

7.3.5 ML 朴素贝叶斯中文文本分类

本节以前文展示的文本文档处理示例为基础， 继续深入研究自然语言处理（NLP）领域的一个重点问题：中文文本分类。文本分类是指将一篇文章归到事先定义好的某一类或者某几类，在数据平台中的一个典型应用场景是，通过爬取用户浏览过的页面内容识别出用户的浏览偏好，从而丰富该用户的画像。

下面使用 Spark 3.0 中的 ML 库提供的朴素贝叶斯（Naive Bayes）算法完成对中文文本的分类，主要包括中文分词、文本表示（TF-IDF）、模型训练以及分类预测等内容。

文本分类的大致流程是①预处理；②分词；③构建词向量；④训练模型；⑤进行预测；⑥通过预测结果对模型进行评估。

由于与第 12 章的内容有部分重合的地方，所以这里只展示训练模型、进行预测以及计算准确率这三部分。在训练模型过程中，语料非常重要，这里可以使用搜狗提供的分类语料库（也可以是其他的，比如复旦中文语料库）。

这里采用经过分词操作处理过的搜狗分类语料，然后构建词向量空间、训练、预测、评估。分好词后，每一个词都作为一个特征，但是需要将中文词语转换成 Double 型来表示，通常使用该词语的 TF-IDF 值作为特征值。Spark 3.0 提供了全面的特征抽取及转换的 API，非常方便。

对于数据集的获取，这里采用经过分词操作处理过的搜狗分类语料作为数据集。其格式如图 7-10 所示。

数据位置：//DATA//D07//sougou-train.txt

```
文件(F) 编辑(E) 格式(O) 查看(V) 帮助(H)
0,polo1.4 自动 舒适 标准价 121000元 现价 111600元 降幅 9400元 预计 再降 400元 桑塔纳 3000 手动 标准型 标准价 118000元 现价 107000元 降幅 11000元 预计 再降 1000元 爱丽舍
0,昨天下午 北四环 二里庄 南口 一辆 726 公交 刹车 滑行 20米 重重 在前 一班 726 公交 屁股 前车 进站 停靠 一位 乘客 飞溅 玻璃 破脸 乘客 司机 斗气 车速 过快 导致 追尾 王女士 下午
0,昨天下午 3点 机场 五元 桥底下 一辆 973路 公交车 桥洞 发生 撞倒 路边 一根 又将 一辆 三轮车 公交 车队 工作人员 介绍 事故 下雨 目击者 973路 公车 由东向西 拐过 五元 桥洞 逆行 车
0,nbsp 1990年 学会 汽车 拿下 驾驶证 第一 个月 最想 两件事 开车 人和 长途 快下班 的时候 拿着 钥匙 驾照 开车 送你 单位 同事 都让 开车 上路 就有 一种 兴奋 冯小刚 奔驰车 性能 特别
0,月初 时代 领航 1.900米 宽体 车身 动力 转向 七大 武器 强势 入市 销售 全新 1.900米 宽体 车身 时代 领航 采用 全新 1.9米 车身 前排 乘座 不觉得 动力 转向系统 引领 经济型 市场 配置
0,听证 会上 反对 涨价 声音 听证 方案 不合理 之处 听证 代表 出了 出租车 公司 利润率 质疑 应由 出租车 公司 司机 乘客 三方 承担 燃油 涨价 成本 而非 司机 乘客 两方 承担 反对 声音 运
任 出租车 公司 暴力 的行业 听证 代表 北京 客运 有限公司 忠义 代表 发言 都在 声讨 出租车 公司 到了 会场 感觉 像个 扒皮 坐立不安 上了 3次 厕所 比窦娥还冤 的哥 代表 乘客 外宾
0,搜狐汽车 全新 报价 系统 上线 抢先 体验 gt gt 伊兰特 详细 报价 nbsp 凯越 详细 报价 nbsp 福美来 详细 报价 nbsp 详细 报价 nbsp 力帆520 详细 报价 nbsp 一辆 我爱你 为名 新型
新车型 一到 两款 车型
0,出租 调价 听证会 富康 报价 图片 车型 保留 100元 本报讯 昨天 发改委 听证会 出租 调价 听取 社会各界 代表 意见 听证 方案 公示 略有 改动 补充 捷达 报价 图片 富康 车型 驾驶员 企业
0,原装 美国进口 福特翼虎 性价比 一直以来 成都 越野 车市场 销售 业绩 4月份 消费税 上调 众多 进口 车型 的价格 大幅 上涨 记者 福特翼虎 授权 经销商 成都 5月 日前 翼虎 的价格 尚无
0,备受 期待 高科技 全方位 保护 361 轿车 东风 雪铁龙凯旋 将于 4月 29日 正式 抵达 成都 将在 6家 东风雪铁龙 4s 展出 意味着 众多 消费者 翘首企盼 凯旋 报价 图片 轿车 月底 正式
0,nbsp 搜狐汽车 全新 报价 系统 上线 抢先 体验 gt gt 赛豹 详细 报价 nbsp 威姿 详细 报价 nbsp 威乐 详细 报价 nbsp 新赛欧 详细 报价 nbsp 千里马 详细 报价 nbsp 汽车 消费税 调整
据了解 长安奥拓 畅销 一款 王子 售价 3.98 万元 便宜 一款 标准型 售价 3.28 万元 竞争 加剧 第二季度 车市 降价 势将 持续 夏利 n3 夏利 n3 夏利 n3 夏利 n3 一项 调查 数据 显示 92
0,双向 调查和 采访 时代周刊 与门 网站 专业 频道 专业网站 支持 媒体 联手 书面 问卷 电话 调查 面对面 调查 多种 市场调查 方式 精英 汽车 消费 倾向 调查 领袖人物 访谈 畅谈 身在 汽车
0,上海大众 京津 销售 服务中心 近日 polo 推出 名为 银色 风暴 活动 让爱 九九九 活动 polo1.6 手动 舒适型 10.999 万元 的价格 下调 3000 多元 10.68 万元 赠送 价值 2500元 两项
0,全世界 汽车厂 家有 可怕 对手 丰田 出色 成本 控制 质量管理 全球 市场 所向披靡 丰田 前任 社长 富士 也有 可怕 对手 那就是 韩国现代 汽车集团 现代汽车 拥有 同样是 质量 成本 两大
场 潜能 升级版 大众 路线 之下 雅绅特 现代汽车 进军 世界 汽车 前五强 主力
0,中国 轿车 真的 到了 论斤 的时候 轿车 卖到 38元 一公斤 奥拓车 900 公斤 刚好是 万多元 长安铃木 常务副 总经理 黄忠 感慨 中国 轿车市场 竞争 可以用 惨烈 形容 厂家 市场上 寻求
区区 1000元 会对 销量 起到 促进作用 中国 消费者 眼中 一分钱 一分货 菜市 场上 砍价 则在 汽车 市场上 中国 消费者 买车 精打细算 其生 质量 不高 很多人 超前消费 买一 辆车 抵得 上一
0,日前 发布了 汽车行业 最新 研究报告 出口 中国 汽车工业 机遇 挑战 报告 指出 2005年 中国汽车 产品出口 总值 整车 出口 数量 首次 超过 进口 中国汽车 市场规模 高速 增长 乘用车
金额 1亿 美元 的企业 两家 出口 金额 1亿 美元 3000 万美元 8家 出口 金额 3000 万美元 1000 万美元 23家 出口 金额 1000 万美元 300 万美元 39家 出口 金额 300 万美元 100 万美元
0,油价 上涨 出租车 尖锐 摆到 面前 当代 能源 化工原料 原油 涨价 影响到 方方面面 社会性 出租车 行业 数量 全国 70 万辆 出租车 3000 万辆 民用 汽车保有量 比例 可以说 微不足道 拥有
均 80人 拥有 1辆 私家车 长一 时间内 出租车 都是 居民 出行 方式 出租车 我国 实际上 一种 公众 交通工具 市民 服务 政府 考虑到 市民 苦衷 市民 运价 便宜 出租车 出租车 价格 过高
0,几乎没有 市场推广 前提下 浙江 众泰集团 悄悄 收获 喜悦 1月 10日 众泰2008 上市 车型 销售 2000 既没有 品牌 基础 缺乏 成熟 的市场 推广 手段 陌生 民营企业 销售 业绩 出乎 很多人
海外 市场 众泰2008 获得了 2006 杭州 世界 休闲 博览会 专用 小型 休闲车 称号 称号 众泰2008 的产品 定位 趋近 众泰 一系列 品牌 推广 活动 浮出水面 建中 介绍 5月份 1.3升 排量
0,近些年来 新车型 推向市场 厂家 宣称 这是 消费者 期待已久 车型 又为 细分 市场 立了 标杆 事实上 新车 上市 发现 新车 厂家 上了天 常是 旧瓶装新酒 花里胡哨 改动 几项 无关 配置
```

图 7-10 数据集格式

对于此格式的读取，可以采用 spark.createDataFrame(Seq（…））.toDF("***", "***")方法进行处理。由于我们这次的数据集文件是多个文件，因此也可以使用 Spark 通过 textfile 读取目录下的多个文件再 toDF()。数据以逗号分隔，逗号前面是标签（分类编号，例如：0 为科技，1 为水果），逗号后面是以空格间隔的字符串。之后对数据集进行处理，将其分割成 70%的训练数据和 30%的测试数据，最后使用通过管道训练的朴素贝叶斯模型计算测试集数据，并结

合真实数据进行比较，从而获得模型的验证。具体代码如程序 7-7 所示。

代码位置：//SRC//C07//ChineseClassify.scala

程序 7-7　中文文本分类

```
import org.apache.spark.ml.Pipeline
import org.apache.spark.ml.feature.HashingTF
import org.apache.spark.ml.feature.IDF
import org.apache.spark.ml.feature.LabeledPoint
import org.apache.spark.ml.feature.Tokenizer
import org.apache.spark.ml.linalg.{Vector, Vectors}
import org.apache.spark.ml.classification.NaiveBayes
import org.apache.spark.ml.evaluation.MulticlassClassificationEvaluator
import org.apache.spark.sql.{Row, SparkSession}

object ChineseClassify {
  case class RawDataRecord(category: String, text: String)
  def main(args: Array[String]): Unit = {
    val spark = SparkSession
      .builder                          //创建 Spark 会话
      .master("local")                  //设置本地模式
      .appName("ChineseClassify")       //设置名称
      .getOrCreate()                    //创建会话变量

    val sc = spark.sparkContext
    import spark.implicits._

    //实现隐式转换
    val tmp = sc.textFile("data/sougou-train/").map{
      x =>
        var temp = x.split(",")
        RawDataRecord(temp(0),temp(1))
    }.toDF("category","text")

    //将数据分成训练集和测试集（30%用于测试）
    val Array(trainingData, testData) = tmp.randomSplit(Array(0.7, 0.3), seed
= 1234L)

    //将分好的词转换为数组 Tokenizer()，只能分割以空格间隔的字符串
    var tokenizer = new Tokenizer().setInputCol("text").setOutputCol("words")

    //将每个词转换成 Int 型，并计算其在文档中的词频（TF）
    var hashingTF = new
HashingTF().setInputCol("words").setOutputCol("rawFeatures").setNumFeatures(50
0000)
```

```
    var idf = new IDF().setInputCol("rawFeatures").setOutputCol("features")

    //管道技术
    val pipeline = new Pipeline()
      .setStages(Array(tokenizer, hashingTF, idf))
    var idfModel = pipeline.fit(trainingData)
    var rescaledData = idfModel.transform(trainingData)

    //转换成NaiveBayes的输入格式
    var trainDataRdd = rescaledData.select($"category",$"features").map {
      case Row(label: String, features: Vector) =>
        LabeledPoint(label.toDouble, Vectors.dense(features.toArray))
    }

    //训练一个朴素贝叶斯模型
    val model = new NaiveBayes()
      .fit(trainDataRdd)
    //对测试集做同样的处理
    val testrescaledData = idfModel.transform(testData)

    var testDataRdd = testrescaledData.select($"category",$"features").map {
      case Row(label: String, features: Vector) =>
        LabeledPoint(label.toDouble, Vectors.dense(features.toArray))
    }

    //预测结果，并展示一条显示
    val testpredictionAndLabel = model.transform(testDataRdd)
    testpredictionAndLabel.show(1)

    //测试结果评估
    val evaluator = new MulticlassClassificationEvaluator()
      .setLabelCol("label")
      .setPredictionCol("prediction")
      .setMetricName("accuracy")

    //测试结果准确率
    val accuracy = evaluator.evaluate(testpredictionAndLabel)
    println(s"Test set accuracy = $accuracy")
  }
}
```

基于朴素贝叶斯分类算法的中文文本分类的具体结果如图 7-11 所示。从结果中可以看到，测试集的准确率在 90%左右，表现还不错。

```
+-----+--------------------+--------------------+--------------------+----------+
|label|            features|       rawPrediction|         probability|prediction|
+-----+--------------------+--------------------+--------------------+----------+
|  0.0|[0.0,0.0,0.0,0.0,...|[-15004.527879099...|[1.0,0.0,0.0,0.0,...|       0.0|
+-----+--------------------+--------------------+--------------------+----------+
only showing top 1 row

21/08/30 16:05:05 WARN DAGScheduler: Broadcasting large task binary with size 45.8 MiB
Test set accuracy = 0.9070767626743125

Process finished with exit code 0
```

图 7-11　中文文本分类结果以及准确率

在代码中，先使用 Tokenizer 对数据进行分词，再用 hashingTF 对单词进行词频的统计，然后使用 IDF 对每个单词进行特征化，最后将数据转化为朴素贝叶斯分类算法所需要的数据类型。numFeatures 为特征数量，即特征数组的长度，这个值可以根据词语数量来调整，一般来说这个值越大，不同的词被计算为一个 Hash 值的概率越小，数据也更准确，但是需要消耗更大的内存。Tokenizer() 只能分割以空格间隔的字符串。测试结果评估 MulticlassClassificationEvaluator 为一个多分类的评估器。metricName 参数的默认值为 f1Measure（F1 值），可以选择多种不一样的，比如召回率、精确度等。

朴素贝叶斯的优点有：模型发源于古典数学理论，有稳定的分类效率；对小规模的数据表现很好，能够处理多分类任务，适合增量式训练，尤其是数据量超出内存时，我们可以一批批地去增量训练；对缺失数据不太敏感，算法也比较简单，常用于文本分类。

朴素贝叶斯的缺点有分布独立的假设前提，而现实生活中这些 predictor 很难是完全独立的、需要知道先验概率，并且先验概率很多情形下取决于假设，假设的模型可以有很多种，因此在某些时候会由于假设的先验模型导致预测效果不佳等。

7.4 小　结

本章介绍了 ML 中使用的多种分类方法的理论基础和应用示例。其中，逻辑回归和支持向量机是常用的分类方法。对于多元的线性回归分类，由于逻辑回归在算法上有一点的欠缺，因此，使用支持向量机对多元数据进行分类可以较好地实现拟定的分类任务，其过拟合和欠拟合现象较少。这个请读者在后续的试验中自行测试。

朴素贝叶斯目前常用于文本分类工作，凭借模型简单、程序编写容易、运行速度快等多项优点被广泛应用于现实中，分类结果较为理想。

本章主要介绍了各种分类算法，即无监督的机器学习方法。除此之外，还有决策树等方法，在下一章中我们将详细介绍决策树的理论和方法，以及基于其上的分布式决策方法“随机森林”，以帮助读者更好地掌握数据分类技术。

第8章 决策树与随机森林

常用数据分类方法除了上一章介绍的几种方法之外，还有一个比较常用和有效的方法——决策树（Decision Tree，DT），它是一个分类算法的分支，也属于有监督学习中的方法。

决策树是一种监管学习。所谓监管学习，就是给定一堆样本，每个样本都有一组属性和一个分类结果，也就是分类结果已知，通过学习这些样本得到一个决策树，这个决策树能够对新的数据给出正确的分类。目前，决策树是分类算法中应用较多的算法之一，其原理是从一组无序无规律的因素中归纳总结出符合要求的分类规则。

随机森林（Random Forest，DF）是决策树的一种大规模应用形式，充分利用了大规模计算机并发计算的优势，可以对数据进行并行处理和归纳分类。本章将介绍这方面的内容。

决策树分类算法一个非常突出的优点就是程序设计人员和使用者不需要掌握大量的基础知识和相关内容，计算可以自行归纳完成。任何一个只要符合 key-value 模式的分类数据，都可以根据决策树进行推断，应用非常广泛。它是一种自顶而下的树状结构，一层一层地去做决策的这样一个模型，比较符合人的思维逻辑的分类器，可解释性好。

梯度提升算法（Gradient-Boosted Trees，GBT）是机器学习中一个长盛不衰的模型，主要思想是利用弱分类器（决策树）迭代训练以得到最优模型。该模型具有训练效果好、不易过拟合等优点。GBT 不仅在工业界应用广泛，还通常被用于二分类、多分类、点击率预测、搜索排序等任务中。

本章主要知识点：

- 决策树的概念及应用
- 随机森林的概念及应用
- 梯度提升算法的概念及应用

8.1 决策树详解

决策树是在已知各种情况发生概率的基础上，通过构成决策树来求取净现值的期望值大于等于零的概率，评价项目风险，判断其可行性的决策分析方法，是直观运用概率分析的一种图解法。由于这种决策分支画成的图形很像一棵树的枝干，故称决策树。本书主要介绍 Spark 3.0 中决策树的构建算法和应用示例。

8.1.1 水晶球的秘密

相信读者都玩过这样一个游戏：一个神秘的水晶球摆放在桌子中央，一个低层的声音（一般是女性）会问你许多问题。

问：你在想一个人，让我猜猜这个人是男性？

答：不是的。

问：这个人是你的亲属？

答：是的。

问：这个人比你年长。

答：是的。

问：这个人对你很好？

答：是的。

这是一个常见的游戏，如果将其作为一个整体去研究的话，整个系统结构如图 8-1 所示。

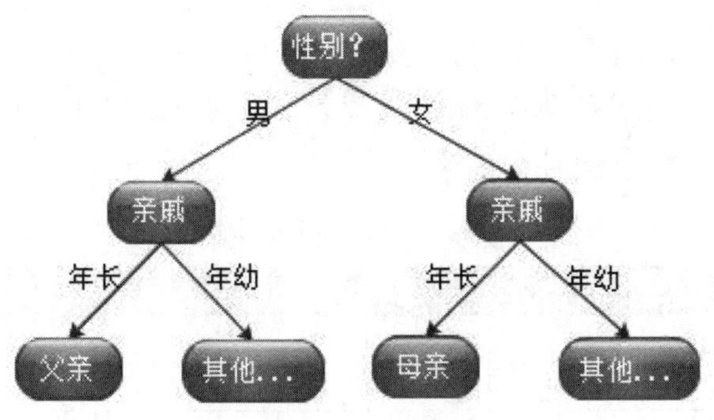

图 8-1　水晶球的秘密

在项目流程图中，系统最高处代表根节点，是系统的开始。整个系统类似于一个项目分解流程图，其中每个分支和树叶代表一个分支向量，每个节点代表一个输出结果或分类。

决策树用来预测的对象是固定的，从根到叶节点的一条特定路线就是一个分类规则，决定这一个分类的算法和结果。

决策树的生成算法是从根部开始的，输入一系列带有标签分类的示例（向量），从而构造出一系列的决策节点。这些节点又称为逻辑判断，表示该属性的某个分支（属性），供下一步继续判定，一般有几个分支就有几条有向的线作为类别标记。决策树是不唯一的，所以根据剃刀规则，如果效果一样，就选择尽可能简单的树。

8.1.2 决策树的算法基础：信息熵

信息熵指的是对事件中不确定的信息的度量。一个事件或者属性中，信息熵越大，其含有的不确定信息越大，对数据分析的计算越有益。因此，信息熵总是选择当前事件中拥有最高信息熵的那个属性作为待测属性。

如何计算一个属性中所包含的信息熵呢？在一个事件中，需要计算各个属性的不同信息熵，需要考虑和掌握的是所有属性可能发生的平均不确定性。如果其中有 n 种属性，那么其对应的概率为 $P_1,P_2,P_3,\cdots,P_n$，并且各属性之间出现时彼此相互独立无相关性，此时可以将信息熵定义为单个属性的对数平均值，即：

$$E(P)=E(-\log p_i)=-\sum p_i \log p_i$$

为了更好地解释信息熵的含义，这里举一个例子：小明喜欢出去玩，大多数情况下他会选择天气好的条件下出去，但是有时候也会选择天气差的时候出去。天气的标准有如下 4 个属性：

- 温度
- 起风
- 下雨
- 湿度

为了简便起见，这里每个属性只设置两个值：0 和 1。温度高用 1 表示，温度低用 0 表示；起风用 1 表示，没有起风用 0 表示；下雨用 1 表示，没有下雨用 0 表示；湿度高用 1 表示，湿度低用 0 表示。表 8-1 给出了具体的记录。

表 8-1 出去玩否的记录

温度（temperature）	起风（wind）	下雨（rain）	湿度（humidity）	出去玩（out）
1	0	0	1	1
1	0	1	1	0
0	1	0	0	0
1	1	0	0	1
1	0	0	0	1
1	1	0	0	1

本例需要分别计算各个属性的熵，这里以是否出去玩的熵计算为例演示计算过程。

根据公式首先计算出去玩的概率，其有 2 个不同的值：0 和 1。其中 1 出现了 4 次而 0 出现了 2 次。因此，可以根据公式得到：

$$P_1=\frac{4}{2+4}=\frac{4}{6}$$

$$P_2=\frac{2}{2+4}=\frac{2}{6}$$

$$E(o)=-\sum p_i\log p_i=-\left(\frac{4}{6}\log_2\frac{4}{6}\right)-\left(\frac{2}{6}\log_2\frac{2}{6}\right)\approx 0.918$$

即出去玩（out）的信息熵为 0.918。与此类似，可以计算不同属性的信息熵，即：

```
E(t) = 0.809
E(w) = 0.459
E(r) = 0.602
E(h) = 0.874
```

提示：在何种情况下，一个属性的信息熵是最大的。例如，在比赛中，甲乙获胜的概率分别是 p 和 $1-p$，使用信息熵计算可以得到任何一方获胜的信息熵为 $-(p\log p+(1-p)\log(1-p))$，利用微分求导最大值可以得到：当 $p=1/2$ 时，熵取得最大值为 1，即两者势均力敌的时候所产生的不确定性最大！

8.1.3　决策树的算法基础——ID3 算法

建树的基本原则是如何尽可能建立一棵最短、最小的决策树。

ID3 算法是基于信息熵的一种经典决策树构建算法。ID3 算法起源于概念学习系统（CLS），以信息熵的下降速度为选取测试属性的标准，即在每个节点选取还尚未被用来划分的、具有最高信息增益的属性作为划分标准，然后继续这个过程，直到生成的决策树能完美分类训练样例。

因此，可以说 ID3 算法的核心就是信息增益的计算。

信息增益，指的是一个事件中前后发生的不同信息之间的差值。换句话说，在决策树的生成过程中，属性选择划分前和划分后不同的信息熵差值，用公式可表示为：

$$\text{Gain}(P_1,P_2)=E(P_1)-E(P_2)$$

在表 8-1 中，最终决策时要求确定小明是否出去玩，因此可以将出去玩的信息熵作为最后的数值，将每个不同的属性与其相减来获得对应的信息增益，结果如下：

```
Gain(o,t) = 0.918 - 0.809 = 0.109
Gain(o,w) = 0.918 - 0.459 = 0.459
Gain(o,r) = 0.918 - 0.602 = 0.316
Gain(o,h) = 0.918 - 0.874 = 0.044
```

在上面的结果中，0.918 是最后的信息熵，减数是不同的属性值。通过计算可以知道，信息增益最大的是“起风”，它首先被选中作为决策树根节点，之后对于每个次属性继续引入分支节点，由此得到一个新的决策树，如图 8-2 所示。

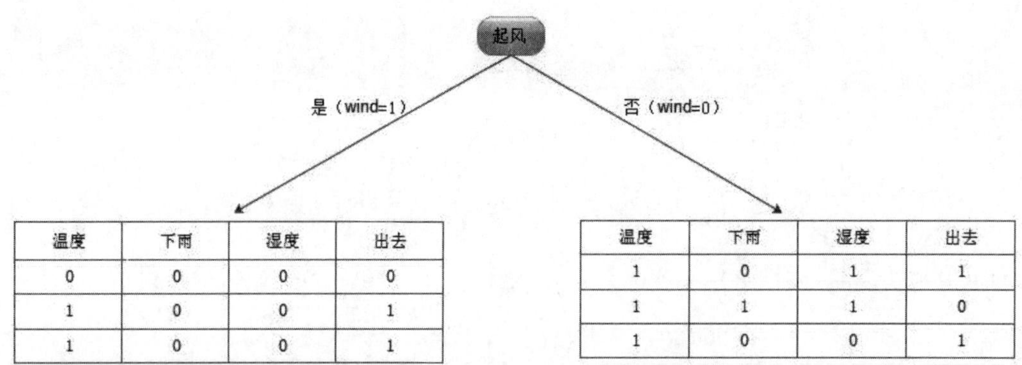

温度	下雨	湿度	出去
0	0	0	0
1	0	0	1
1	0	0	1

温度	下雨	湿度	出去
1	0	1	1
1	1	1	0
1	0	0	1

图 8-2 第一个增益决定后的分步决策树

在图 8-2 中，决策树左边节点是属性中 wind 为 1 的其他所有属性，wind 属性为 0 的其他所有属性被分成另外一个节点。之后，继续仿照计算信息增益的方法依次对左右节点进行递归计算，最终结果如图 8-3 所示。

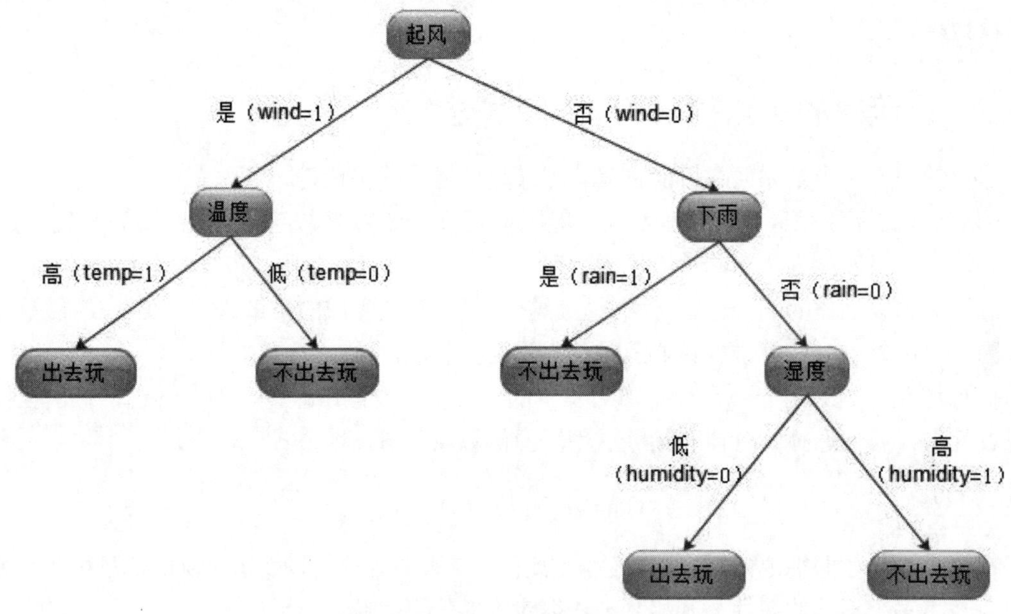

图 8-3 出去玩的决策树

根据信息增益的计算，我们很容易构建一个将信息熵降低的决策树，从而使得不确定性达到最小。因此，信息增益越大越好，即选择一个能对系统的不确定性降低更多的属性。属性用过的不能再用，直到最纯或者没有属性了为止，不纯的话就用多的做结果，如果相等，就可以使用上一层的结果作为结果。所以，不一定要使用全部属性，只要达到纯的效果即可。

8.1.4 ML 中决策树的构建

在 ML 中，决策树是一种典型的回归算法，与前面介绍的线性回归和逻辑回归算法不同，它在处理数据缺失和非线性方面有较多的应用价值，能够应付更多的情况。

Spark ML 实现了支持使用连续和离散特征的二元和多类分类以及回归的决策树。该实现按行对数据进行分区，允许使用数百万甚至数十亿个实例进行分布式训练。

决策树及其集成是用于分类和回归机器学习任务的流行方法。决策树被广泛使用，因为它们易于解释、处理分类特征、扩展到多类分类设置、不需要特征缩放，并且能够捕获非线性和特征交互。树集成算法（例如随机森林和提升）是分类和回归任务的最佳执行者之一。

需要注意的是，Spark 3.0 中的数据集使用的是 DataFrame 格式，并且决策树的分类和回归已经分离成不同的函数，决策树的分类和回归支持使用管道 API 进行运算，且使用 DataFrame 元数据区分连续特征和离散特征。特别是对于分类，用户可以得到每个类的预测概率（又称为类条件概率）；对于回归，用户可以得到预测的有偏样本方差。

（1）ML 中决策树的信息增益计算。

ML 中决策树的构建采用的是递归二分法方式，通过不停地从根节点进行生长，直到决策树的需求信息增益满足一定条件为止，具体信息增益公式如下：

$$\text{Gain}(P_1,P_2)=E(P_1)-\frac{P_{2\text{left}}}{P_1}E(P_{2\text{left}})-\frac{P_{2\text{right}}}{P_1}E(P_{2\text{right}})$$

公式中 $P_{2\text{left}}$ 和 $P_{2\text{right}}$ 是待计算的属性，分属于左节点和右节点的个数，通过计算可得到它们最大的信息增益度。

（2）ML 中决策树的样本中连续属性的划分。

前面在介绍信息增益的计算方法时，其属性均为非连续性属性，而实际应用中会有大量的连续属性。解决办法就是在计算时根据需要将数据划分成若干部分进行处理。这些被划分的若干部分在 ML 中用专用名称 bin 来表示，指的是划分的数据集合。每个作为分割集合的分割点被称为 split。决策树是一种贪婪算法，它执行特征空间的递归二分法。树为每个最底部（叶子）分区预测相同的标签。通过从一组可能的分割中选择最佳分割来贪婪地选择每个分割，以最大化树节点处的信息增益。

例如，一个数据集中包括一项评分，假设一共有 5 个分数，在实际应用中采用二分法，显示如下：

```
1 2 3 | 4 5
```

这里可以很明显地观察到 bin 有两个，分别装有数据{1,2,3}和{4,5}。split 被设置成 3，可以较好地对其进行划分。

ML 会在计算开始时对数据进行排序计算，并将其划分到不同的数据集合中，Spark 会分布式计算不同的集合中数据所拥有的信息增益，并将一个最大的信息增益所在的数据集合作为目标集合，之后寻找分割的 split 递归分割下一层，直到满足要求为止。

8.1.5 ML 中决策树示例

这里使用 8.1.2 节中的数据集构建一个数据合集 其形式和内容如下所示（在 Spark 3.0 中，不使用这份数据，它们的格式是一致的）：

数据位置：//DATA//C08//DTree.txt

```
1 1:1 2:0 3:0 4:1
0 1:1 2:0 3:1 4:1
0 1:0 2:1 3:0 4:0
1 1:1 2:1 3:0 4:0
1 1:1 2:0 3:0 4:0
1 1:1 2:1 3:0 4:0
```

上面的第一列数据表示是否出去玩，后面若干个键值对分别表示其对应的值。需要说明的是，这里的 key 值表示属性的序号，目的是防止有缺失值出现。value 是序号对应的具体值。

Spark 3.0 不再使用常规的模型定义，改为使用 set 方法设置参数且通过管道来设置模型：

```
def setMaxDepth(value: Int): this.type = set(maxDepth, value)

def setMaxBins(value: Int): this.type = set(maxBins, value)

def setMinInfoGain(value: Double): this.type = set(minInfoGain, value)

def setImpurity(value: String): this.type = set(impurity, value)
```

部分属性说明如下：

- Impurity（String）：计算信息增益的形式。
- maxDepth（Int）：树的高度。
- maxBins（Int）：能够分裂的数据集合数量。

使用管道进行训练时，需要对 DataFrame 数据集进行转化和切分，如设置索引标签和分类特征的类别等，具体参见代码。这里需要解释一下什么叫元数据（metadata），元数据是关于数据的数据，用来描述数据的数据，或者是信息的信息。例如，图书馆每本书中的内容是数据，那么找到每本书的索引就是元数据。元数据之所以有其他方法无法比拟的优势，就在于它可以帮助人们更好地理解数据。

在 C 盘中使用数据合集生成名为 DTree.txt 的数据文件，完整代码如程序 8-1 所示。

代码位置：//SRC//C08//DT.scala

程序 8-1 决策树

```
import org.apache.spark.ml.Pipeline
import org.apache.spark.ml.classification.DecisionTreeClassificationModel
import org.apache.spark.ml.classification.DecisionTreeClassifier
import org.apache.spark.ml.evaluation.MulticlassClassificationEvaluator
```

```
  import org.apache.spark.ml.feature.{IndexToString, StringIndexer,
VectorIndexer}
  import org.apache.spark.sql.SparkSession

  object DecisionTreeClassificationExample {
    def main(args: Array[String]): Unit = {
      val spark = SparkSession
        .builder                                //创建 Spark 会话
        .master("local")                        //设置本地模式
        .appName("DecisionTreeClassificationExample")   //设置名称
        .getOrCreate()                          //创建会话变量

      //读取文件，装载数据到 spark dataframe 格式中
      val data =
spark.read.format("libsvm").load("data/mllib/sample_libsvm_data.txt")

      //搜索标签，添加元数据到标签列
      //对整个数据集包括索引的全部标签都要适应拟合
      val labelIndexer = new StringIndexer()
        .setInputCol("label")
        .setOutputCol("indexedLabel")
        .fit(data)
      //自动识别分类特征，并对其进行索引
      val featureIndexer = new VectorIndexer()
        .setInputCol("features")        //设置输入输出参数
        .setOutputCol("indexedFeatures")
        .setMaxCategories(4)            //具有多于4个不同值的特性被视为连续特征
        .fit(data)

      //按照7:3的比例拆分数据，70%作为训练集，30%作为测试集
      val Array(trainingData, testData) = data.randomSplit(Array(0.7, 0.3))

      //建立一个决策树分类器
      val dt = new DecisionTreeClassifier()
        .setLabelCol("indexedLabel")
        .setFeaturesCol("indexedFeatures")

      //将索引标签转换回原始标签
      val labelConverter = new IndexToString()
```

```
        .setInputCol("prediction")
        .setOutputCol("predictedLabel")
        .setLabels(labelIndexer.labelsArray(0))

      //把索引和决策树链接（组合）到一个管道（工作流）之中
      val pipeline = new Pipeline()
        .setStages(Array(labelIndexer, featureIndexer, dt, labelConverter))

      //载入训练集数据正式训练模型
      val model = pipeline.fit(trainingData)
      //使用测试集进行预测
      val predictions = model.transform(testData)
      //选择一些样例进行显示
      predictions.select("predictedLabel", "label", "features").show(5)

      //计算测试误差
      val evaluator = new MulticlassClassificationEvaluator()
        .setLabelCol("indexedLabel")
        .setPredictionCol("prediction")
        .setMetricName("accuracy")
      val accuracy = evaluator.evaluate(predictions)
      println(s"Test Error = ${(1.0 - accuracy)}")

      val treeModel =
model.stages(2).asInstanceOf[DecisionTreeClassificationModel]
      println(s"Learned classification tree model:\n
${treeModel.toDebugString}")
      spark.stop()
    }
  }
```

请读者自行验证结果。

8.2 随机森林与梯度提升算法

上一节我们演示了基本决策树的建立方法，但是在 Spark 3.0 ML 实际应用中，除了上述普通决策树建立方法之外，还有两个充分利用了分布式并发处理系统构建的并发式决策树，即随机森林与梯度提升构建的决策树。DataFrame API 支持两种主要的树集成算法：随机森林和梯度提升树（GBT）。两者都使用 spark.ml 决策树作为基本模型。图 8-4 所示的是这个算法的总体示意图。

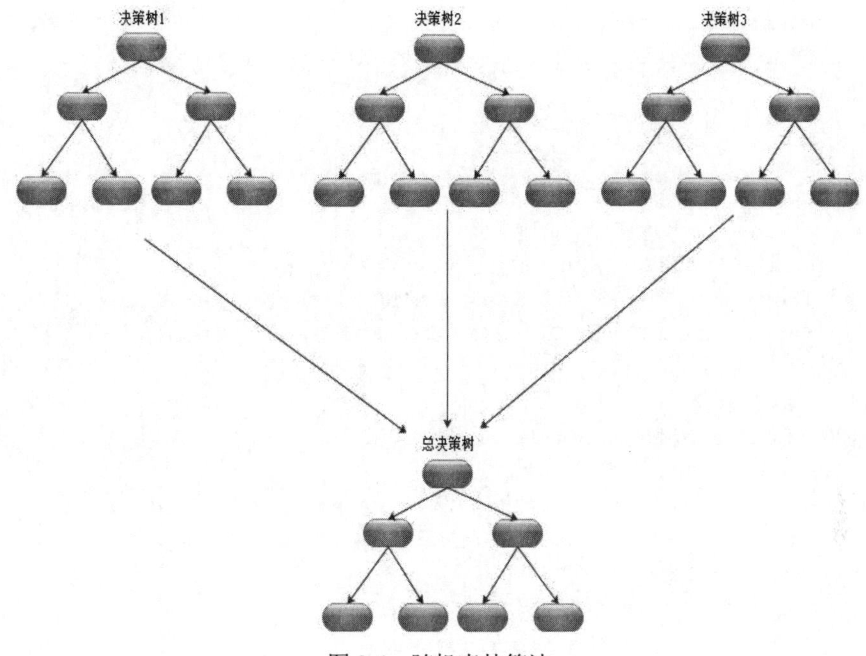

图 8-4 随机森林算法

1. 随机森林

随机森林是一种流行的分类和回归方法。

森林是若干个树的集合。从名称上看，随机森林就是若干个决策树所组成的一个决策树林。在 ML 中，随机森林中的每一棵树都被分配到不同的节点上进行并行计算，或者在一些特定的条件下，单独的每一棵决策树都可以并行化计算，每一棵决策树之间是没有相关性的。

随机森林在运行的时候，每当有一个新的数据被传输到系统中，就会由随机森林中的每一棵决策树同时进行处理。如果结果是一个连续常数，就将每一棵的结果取得平均值作为结果。如果是非连续结果，就选择所有决策树计算最多的一项作为数据计算的结果。

随机森林是决策树的集合，结合了许多决策树，以降低过拟合的风险。Spark.ML 实现了支持使用连续和离散特征进行二元和多类分类以及回归的随机森林。

随机森林决策树的程序示例如程序 8-2 所示。我们使用两个特征转换器来准备数据；这些帮助索引标签和离散特征的类别，向 DataFrame 基于树的算法可以识别的元数据添加元数据。注入训练过程的随机性包括在每次迭代中对原始数据集进行二次采样，以获得不同的训练集（又名 boostrap）。考虑在每个树节点上拆分不同的随机特征子集。

代码位置：//SRC//C08//RandomForestClassifierExample.scala

程序 8-2 随机森林算法

```
import org.apache.spark.ml.Pipeline
import org.apache.spark.ml.classification.{RandomForestClassificationModel,
RandomForestClassifier}
```

```
import org.apache.spark.ml.evaluation.MulticlassClassificationEvaluator
import org.apache.spark.ml.feature.{IndexToString, StringIndexer,
VectorIndexer}
import org.apache.spark.sql.SparkSession

object RandomForestClassifierExample {
  def main(args: Array[String]): Unit = {
    val spark = SparkSession
      .builder                            //创建 Spark 会话
      .appName("RandomForestClassifierExample")  //设置名称
      .getOrCreate()                      //创建会话变量

    //读取文件，装载数据到 spark dataframe 格式中
    val data =
spark.read.format("libsvm").load("data/mllib/sample_libsvm_data.txt")

    //搜索标签，添加元数据到标签列
    //对整个数据集包括索引的全部标签都要适应拟合
    val labelIndexer = new StringIndexer()
      .setInputCol("label")
      .setOutputCol("indexedLabel")
      .fit(data)
    //自动识别分类特征，并对其进行索引
    //设置 maxCategories 以便大于4个不同值的特性被视为连续的
    val featureIndexer = new VectorIndexer()
      .setInputCol("features")
      .setOutputCol("indexedFeatures")
      .setMaxCategories(4)
      .fit(data)

    //按照7:3的比例拆分数据，70%作为训练集，30%作为测试集
    val Array(trainingData, testData) = data.randomSplit(Array(0.7, 0.3))

    //建立一个决策树分类器，并设置森林中含有10棵树
    val rf = new RandomForestClassifier()
      .setLabelCol("indexedLabel")
      .setFeaturesCol("indexedFeatures")
      .setNumTrees(10)

    //将索引标签转换回原始标签
    val labelConverter = new IndexToString()
      .setInputCol("prediction")
      .setOutputCol("predictedLabel")
      .setLabels(labelIndexer.labelsArray(0))
```

```
        //把索引和决策树链接（组合）到一个管道（工作流）中
        val pipeline = new Pipeline()
          .setStages(Array(labelIndexer, featureIndexer, rf, labelConverter))

        //载入训练集数据正式训练模型
        val model = pipeline.fit(trainingData)
        //使用测试集进行预测
        val predictions = model.transform(testData)
        //选择一些样例进行显示
        predictions.select("predictedLabel", "label", "features").show(5)

        //计算测试误差
        val evaluator = new MulticlassClassificationEvaluator()
          .setLabelCol("indexedLabel")
          .setPredictionCol("prediction")
          .setMetricName("accuracy")
        val accuracy = evaluator.evaluate(predictions)
        println(s"Test Error = ${(1.0 - accuracy)}")

        val rfModel =
model.stages(2).asInstanceOf[RandomForestClassificationModel]
        println(s"Learned classification forest model:\n
${rfModel.toDebugString}")
        spark.stop()
      }
    }
```

其中，numTrees 是随机森林中决策树的数目（森林中的树木数量，至少为 1，默认为 20）；featureSubsetStrategy 是属性在每个节点中计算的数目，即用作在每个树节点进行分割的候选特征的数量。该数字被指定为特征总数的分数或函数。减少这个数字会加快训练速度，但是太低的话，有时会影响性能。选择“auto”（默认值），是让 ML 自动决定每个节点的属性数，这也是笔者推荐的方式。请读者自行打印验证。

提示：随机森林的实质就是建立多棵决策树，然后取得所有决策树的平均值或者以投票的方式分类。随机森林是用于分类和回归最成功的机器学习模型之一，结合了许多决策树，以降低过度拟合的风险。与决策树一样，随机森林处理分类特征，扩展到多类分类设置，不需要特征缩放，并且能够捕捉非线性和特征交互。

2. 梯度提升算法

梯度提升树（Gradient Boosting Tree，GBT）是一种使用决策树集成的流行分类和回归方法。梯度提升（Gradient Boosting）算法的思想类似于前面讲解过的随机梯度下降算法。一个模型中由若干个属性值构成，每个属性值在开始训练时具有相同的权重，之后不断地将模型计算结果与真实值进行比较。如果出错，就降低在特定方向的损失。Gradient Boosting 是一种提升（Boosting）方法，主要思想是每一次建立模型都是在之前建立模型损失函数的梯度下降方向，即“每次沿着当前位置最陡峭、最易下山的方向”。

如果模型能够让损失函数持续下降，就说明模型的质量在不停地改进，其中最好的方式就是让损失函数在梯度（Gradient）方向上下降。Boosting 算法是一种集成学习方法，每一轮训练的样本都是固定的，改变的是每个样本的权重，根据错误率调整样本权重，错误率越大的样本权重变大。各个预测函数只能顺序生成，因为后一个模型参数需要前一轮模型的结果。通过采用加法模型（基学习器的线性组合）以及不断减小训练过程产生的残差，可以实现数据分类或者回归。每一次的计算都是为了减少上一次的残差，为了消除残差，我们可以在残差减少的梯度方向上建立一个新模型。在 Gradient Boosting 中，每个新模型的建立就是为了使之前的模型残差往梯度方向减少。

GBT 迭代训练决策树以最小化损失函数。spark.ml 实现支持使用连续和分类特征进行二元分类和回归的 GBT，基本算法是迭代地训练一系列决策树。在每次迭代中，首先使用当前集成来预测每个训练实例的标签，然后将预测与真实标签进行比较。数据集被重新标记，以更加强调预测不佳的训练实例。因此，在下一次迭代中，决策树将有助于纠正先前的错误。

梯度提升算法的应用示例如程序 8-3 所示。

代码位置：//SRC//C08//GDTree.scala

程序 8-3 梯度提升算法

```
  import org.apache.spark.ml.Pipeline
  import org.apache.spark.ml.classification.{GBTClassificationModel,
GBTClassifier}
  import org.apache.spark.ml.evaluation.MulticlassClassificationEvaluator
  import org.apache.spark.ml.feature.{IndexToString, StringIndexer,
VectorIndexer}
  import org.apache.spark.sql.SparkSession

  object GradientBoostedTreeClassifierExample {
   def main(args: Array[String]): Unit = {
    val spark = SparkSession
      .builder                        //创建 Spark 会话
      .appName("GradientBoostedTreeClassifierExample")//设置名称
      .getOrCreate()                  //创建会话变量

    //读取文件，装载数据到 spark dataframe 格式中
    val data =
spark.read.format("libsvm").load("data/mllib/sample_libsvm_data.txt")

    //搜索标签，添加元数据到标签列
    //对整个数据集包括索引的全部标签都要适应拟合
```

```
val labelIndexer = new StringIndexer()
  .setInputCol("label")
  .setOutputCol("indexedLabel")
  .fit(data)
//自动识别分类特征，并对其进行索引
//设置 MaxCategories 以便大于4个不同值的特性被视为连续的
val featureIndexer = new VectorIndexer()
  .setInputCol("features")
  .setOutputCol("indexedFeatures")
  .setMaxCategories(4)
  .fit(data)

//按照7:3的比例拆分数据，70%作为训练集，30%作为测试集
val Array(trainingData, testData) = data.randomSplit(Array(0.7, 0.3))

 //建立一个决策树分类器，并设置 MaxIter 最大迭代次数为10
val gbt = new GBTClassifier()
  .setLabelCol("indexedLabel")
  .setFeaturesCol("indexedFeatures")
  .setMaxIter(10)
  .setFeatureSubsetStrategy("auto")

//将索引标签转换回原始标签
val labelConverter = new IndexToString()
  .setInputCol("prediction")
  .setOutputCol("predictedLabel")
  .setLabels(labelIndexer.labelsArray(0))

//把索引和决策树链接（组合）到一个管道（工作流）中
val pipeline = new Pipeline()
  .setStages(Array(labelIndexer, featureIndexer, gbt, labelConverter))

//载入训练集数据正式训练模型
val model = pipeline.fit(trainingData)
//使用测试集进行预测
val predictions = model.transform(testData)
//选择一些样例进行显示
predictions.select("predictedLabel", "label", "features").show(5)

//计算测试误差
val evaluator = new MulticlassClassificationEvaluator()
  .setLabelCol("indexedLabel")
  .setPredictionCol("prediction")
  .setMetricName("accuracy")
```

```
    val accuracy = evaluator.evaluate(predictions)
    println(s"Test Error = ${1.0 - accuracy}")

    val gbtModel = model.stages(2).asInstanceOf[GBTClassificationModel]
    println(s"Learned classification GBT model:\n ${gbtModel.toDebugString}")

    spark.stop()
  }
}
```

其中，numIterations 是迭代次数，每次迭代产生一棵树。增加这个数字会使模型更具表现力，从而提高训练数据的准确性。如果这个值太大，那么测试时间的准确性可能会受到影响，具体结果请读者自行验证。

注意：GBT 尚不支持多类分类。对于多类问题，请使用决策树或随机森林。

提示：使用更多树进行训练时，梯度提升可能会过拟合。为了防止过拟合，可以在训练时进行验证。Spark 提供了 runWithValidation 方法来使用此功能。目前，GBT 支持的 Loss 方法函数有分类问题（Log Loss）和回归问题（Squared Error（L2）（默认值）、Absolute Error（L1））。

8.3 小 结

本章介绍了 ML 比较常用的决策树方法以及构建决策树的传统 ID3 方法。除此之外，还有常用的 C4.5 算法，本书没有介绍，它是采用了信息增益率的方法，有兴趣的读者可以自行查阅相关资料学习。

ML 在建立决策树时充分利用了分布式计算方法，采用随机森林和 GBT 等构建决策树林的方法，建立了并发式多个决策树，可以对更大的数据进行最快捷的处理。

随机森林可以并行训练多棵树。GBT 一次训练一棵树，训练时间长。在 GBT 中使用更小（更浅）的树通常是合理的，并且训练更小的树花费的时间更少。

在随机森林中训练更多的树会降低过拟合的可能性，但是使用 GBT 训练更多的树会增加过拟合的可能性。（在统计语言中，随机森林通过使用更多的树来减少方差，而 GBT 通过使用更多的树来减少偏差。）

随机森林更容易调整，因为性能随着树的数量单调提高。对于 GBT 来说，如果树的数量增长太多，它的性能可能会下降。

总之，两种算法都可以是有效的，如何选择应该基于特定的数据集。

第9章 聚 类

本章将介绍数据挖掘的一个重要分支——聚类。

聚类是一种数据挖掘领域中常用的无监督学习算法。ML 中聚类的算法目前有 4 种，其中最常用的是 K-means 算法，在多个领域中应用较为广泛。高斯混合聚类、快速迭代聚类和隐狄利克雷聚类在特定场合有特定的使用，本章将分别研究它们的算法和应用。

本章主要知识点：

- 聚类的概念及应用
- K-means 算法的应用
- 高斯混合聚类的应用
- 快速迭代聚类的应用

9.1 聚类与分类

聚类与分类是数据挖掘中常用的两个概念，它们的算法和计算方式有所交叉和区别。一般来说分类是指有监督的学习，即要分类的样本是有标记的，类别是已知的；聚类是指无监督的学习，样本没有标记和 Lables，根据某种相似度度量把样本聚为 k 类。

在 ML 中将其进行区分，本章主要介绍聚类算法的计算和表示。

9.1.1 什么是分类

分类是将事物按特征或某种规则划分成不同部分的一种归纳方式。在数据挖掘中，分类属于有监督学习的一种。

分类的应用很多，例如可以通过划分不同的类别对银行贷款进行审核，也可以根据以往的购买历史对客户进行区分，从而找出可称为 VIP 的用户。此外，在网络和计算机安全领域，分类技术有利于帮助检测入侵威胁，帮助安全人员更好地识别正常访问与入侵的区别。

ML 中分类的种类很多，例如前面介绍的决策树、贝叶斯、SVM 等都是常用的分类方法，它们的用法千差万别，对数据的要求不同，应用场景也不同，目前还没有一种能够适合于各种属性和要求的数据模型。

提示：在前面的学习中，还有一种方法称为回归。回归与分类的区别在于其输出值的不同。一般情况下，分类的输出是离散化的一个数据类别，而回归输出的结果是一个连续值。

9.1.2 什么是聚类

聚类就是把一组对象划分成若干类，并且每个类中对象之间的相似度较高，不同类中对象之间相似度较低或差异明显。

聚类的目的是分析出相同特性的数据，或样本之间能够具有一定的相似性，即每个不同的数据或样本可以被一个统一的形式描述出来，而不同的聚类群体之间则没有此项特性。

聚类与分类有着本质的区别：聚类一个属于无监督学习，没有特定的规则和区别；分类属于有监督学习，即有特定的目标或者明确的区别，人为可分辨。

聚类算法在工作前并不知道结果如何，不会知道最终将数据集或样本划分成多少个聚类集，每个聚类集之间的数据有何种规则。聚类的目的在于发现数据或样本属性之间的规律，可以通过何种函数关系式进行表示。

聚类的要求是统一聚类集之间相似性最大，而不同聚类集之间相似性最小。ML 中常用的聚类方法主要是 K-means、高斯混合聚类和隐狄利克雷等，这些都将在本章中详细讲解。

9.2 K-means 算法

K-means 算法是最为经典的基于划分的聚类方法，是十大经典数据挖掘算法之一。K-means 算法的基本思想是：以空间中 k 个点为中心进行聚类，对最靠近它们的对象归类。通过迭代的方法，逐次更新各聚类中心的值，直至得到最好的聚类结果。

K-means 由于其算法设计的一些基本理念，在对数据处理时效率不高。ML 充分利用了 Spark 框架的分布式计算的便捷性，还设计了一个包含 K-means++方法的并行化变体，称为 K-means||，从而提高了运算效率。本节主要介绍 K-means 算法的一些内容和条件并给出一个示例。

9.2.1 K-means 算法及其算法步骤

K-means 算法是数据挖掘中一种常用的基于欧氏距离的聚类方法，其基本思想和核心内容就是在算法开始时随机给定若干个中心，按照最近距离原则将样本点分配到各个中心点，之后按平均法计算聚类集的中心点位置，从而重新确定新的中心点位置。这样不断地迭代下去，直至聚类集内的样本满足阈值为止。图 9-1 演示了一个 K-means 算法的分类方法。

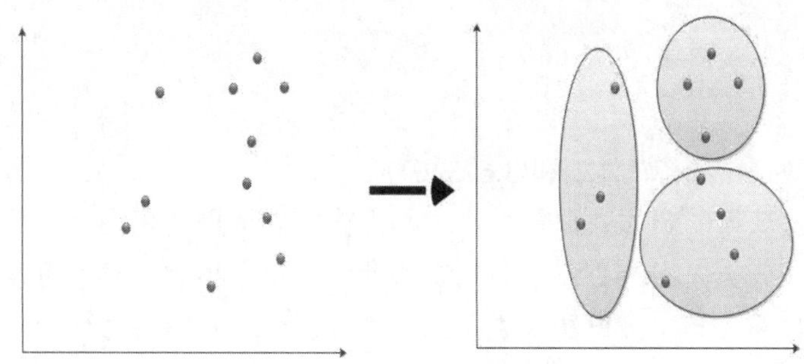

图 9-1 K-means 算法图示 1

这里的数据点被分成 3 类，每个类都是由一定的规则判断形成的。同样，如果换一个判定规则，则可能生成不同的分类规则图，如图 9-2 所示。

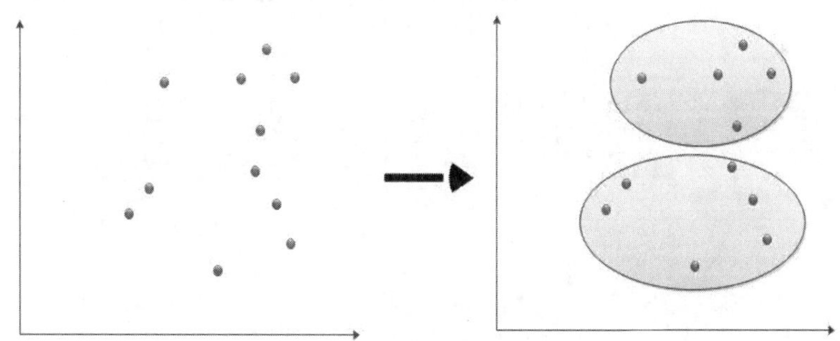

图 9-2 K-means 算法图示 2

图 9-1 与图 9-2 的不同之处在于其构成的分类不同，这也是根据 K-means 的算法基础理论所决定的。若初始随机选择的初始点不同，则随机获得的最终结果可能也是千差万别的。

下面使用数学的方法给出一个例子，见表 9-1。

表 9-1 数据坐标表

序 号	x 坐标	y 坐标	序 号	x 坐标	y 坐标
1	1	2	5	3	4
2	1	1	6	4	3
3	1	3	7	2	2
4	2	2	8	4	4

表 9-1 中给定了 8 个数据，下面应用 K-means 算法对其进行处理。

首先随机选定两个对象，假设选择序号 2 和 5 的数据作为初始点，分别找到其距离最近的数据样本作为数据集，序号为(1,2,3,4,7)和(5,6,8)。

下一步计算各个数据集的平均中心点的值，得到平均值点。构成两个新的初始点，其中心值分别为：

$$x_1 = (1 + 1 + 1 + 2 + 2) / 5 = 1.4$$
$$y_1 = (2 + 1 + 3 + 2 + 2) / 5 = 2$$

$$x_2 = (3 + 4 + 4) / 3 = 3.6666666666$$
$$y_2 = (4 + 3 + 4) / 3 = 3.6666666666$$

即可得到新的数据中心点(1.4,2)和(3.67,3.67)。

之后再以第二次获得的新的数据集平均中心点作为坐标重新聚类，得到新的数据集。这样依次进行迭代计算和分类，当中心点不动或者移动距离相当小的时候，可以认为 K-means 聚类达到最优聚类。对于 K-means 算法来说，怎么选 *k*（簇个数）和初始中心点是一个很具有研究性的问题。

9.2.2 ML 中 K-means 算法示例

首先是数据的准备。这里采用 9.2.1 节中的数据作为数据集。在 C 盘建立名为 Kmeans.txt 的数据文件，内容如下：

数据位置：//DATA//D09//Kmeans.txt

```
//三维数据
0.0 0.0 0.0
0.1 0.1 0.1
0.2 0.2 0.2
9.0 9.0 9.0
9.1 9.1 9.1
9.2 9.2 9.2
```

其中每一行都是一个坐标点的坐标值。

fit 方法是 ML 中 K-means 模型的训练方法，其内容如下：

```
Class KMeans extends Estimator[KMeansModel] with KMeansParams with
DefaultParamsWritable
//KMeans 类
def fit(dataset: Dataset[_]): KMeansModel
//训练的方法
```

若干个参数可由一系列 setter 函数来设置，如何使用请参照程序 9-1，参数解释如下：

- data: Dataset[_]：输入的数据集。
- setK(value: Int)::聚类分成的数据集数。

- setMaxIter(value: Int)：最大迭代次数。

K-means 示例如程序 9-1 所示。

代码位置：//SRC//C09//Kmeans.scala

程序 9-1 K-means 算法示例

```
import org.apache.spark.ml.clustering.KMeans
import org.apache.spark.ml.evaluation.ClusteringEvaluator
import org.apache.spark.sql.SparkSession
object KMeansExample {

  def main(args: Array[String]): Unit = {
    val spark = SparkSession
      .builder                          //创建 Spark 会话
      .master("local")                  //设置本地模式
      .appName("K-means")               //设置名称
      .getOrCreate()                    //创建会话变量

    //读取数据
    val dataset = spark.read.format("libsvm").load("data/mllib/sample_kmeans_
data.txt")

    //训练模型，设置参数，载入训练集数据正式训练模型
    val kmeans = new KMeans().setK(3).setSeed(1L)
    val model = kmeans.fit(dataset)

    //使用测试集作预测
    val predictions = model.transform(dataset)
    //使用轮廓分评估模型
    val evaluator = new ClusteringEvaluator()
    val silhouette = evaluator.evaluate(predictions)
    println(s"Silhouette with squared euclidean distance = $silhouette")

    //展示结果
    println("Cluster Centers: ")
    model.clusterCenters.foreach(println)

    spark.stop()
  }
}
```

其中轮廓分数使用 ClusteringEvaluator，它测量一个簇中的每个点与相邻簇中点的接近程度，从而帮助判断簇是否紧凑且间隔良好。时间复杂度为 $O(tknm)$，其中 t 为迭代次数、k 为簇的数目、n 为样本点数、m 为样本点维度。空间复杂度为 $O(m(n+k))$，其中 k 为簇的数目、m 为样本点维度、n 为样本点数。请读者自行打印验证。

提示：本示例中，K-means 是对三维数据进行聚类处理，如果是更高维的数据，请读者自行修改数据集进行计算和验证。

9.2.3 K-means 算法中细节的讨论

在前面介绍中，K-means 算法求最近邻的点的方法并没有提及。实际上 means 算法中关于距离的计算是很重要的部分，其中常用的是欧氏距离以及最近邻方法，下面依次进行说明。

欧氏距离是目前在 ML 中使用的距离计算方法，欧几里得距离（Euclidean distance）是最常用计算距离的公式，其表示为三维空间中两个点的真实距离。

欧几里得相似度计算是一种基于用户之间直线距离的计算方式。在相似度计算中，不同的物品或者用户可以将其定义为不同的坐标点，而特定目标定位坐标原点。使用欧几里得距离计算两个点之间的绝对距离，如公式 9-1 所示。

【公式 9-1】

$$d=\sqrt{(x_1-x_2)^2+(y_1-y_2)^2}$$

ML 中 K-means 在进行工作时设定了最大的迭代次数，因此一般在运行的时候达到设定的最大迭代次数就停止迭代。

最近邻方法也是常用的一种 K-means 寻找周围点的方法。与最近距离不同，最近邻方法不是采用距离而是寻找中心点周围已设定数目的若干个点的方式来构建聚类集，如图 9-3 所示。

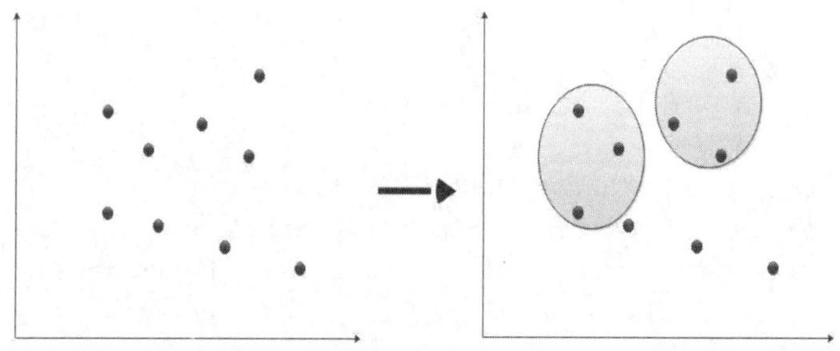

图 9-3 K-means 算法图示 3

这里的数据被分为两个聚类集合，每个聚类集中包含了 3 个数据。由于数据集内的数据数目被限定，因此有一部分数据无法进行归纳，容易形成孤立点，从而影响聚类的准确性。

9.3 高斯混合聚类

高斯和阿基米德、牛顿并列为世界三大数学家，一生成就极为丰硕。以他名字“高斯”命名的成果达 110 个，属数学家中之最。高斯在历史上的影响巨大，其一生最重要的一大贡献就是发现了高斯分布，这也是统计分析图书中最重要的部分，即正态分布。正态分布想必大家都很熟悉。

ML 使用高斯分布对数据进行分析处理，主要用于对数据进行聚类处理。

9.3.1　从高斯分布聚类起步

在介绍高斯混合模型之前，有必要先介绍一下单高斯模型。而在介绍单高斯模型之前，还有必要介绍一下高斯分布。

提示：高斯分布有一个更常用和有名的特例——正态分布。这里为了遵从 ML 的命名习惯，继续使用"高斯"一词以示敬意。

高斯分布是一个在数学、物理及工程等领域都非常重要的概率分布，在统计学的许多方面有着重大的影响力。它指的是若随机变量 *X* 服从一个数学期望为 μ、方差为 σ^2 的高斯分布，则记为 *N*(μ，σ^2)。它的概率密度函数为高斯分布的期望值 μ 决定了分布的位置，标准差 σ 决定了分布的幅度。因其曲线呈钟形，人们又常称之为钟形曲线。我们通常所说的标准高斯分布是 μ=0、σ=1 的正态分布，其形状如图 9-4 所示。

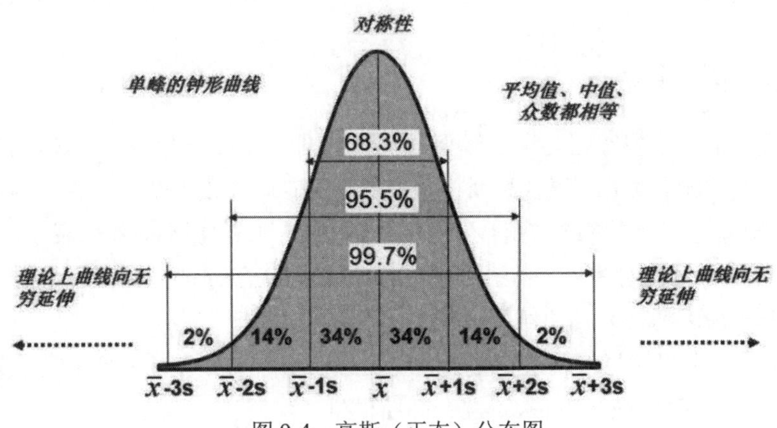

图 9-4　高斯（正态）分布图

高斯分布的数学表达公式如下：

$$f(x)=\frac{1}{\sqrt{2\pi}\sigma}\exp(-\frac{(x-\mu)^2}{2\sigma^2})$$

这里 μ 和 σ 都是用以表示分布的位置。顺便提一句，当 μ=0、σ=1 时，高斯分布成为一个经典的分布形式，即正态分布。

$$f(x)=\frac{1}{\sqrt{2\pi}}\exp(-\frac{x^2}{2})$$

高斯分布在应用上常用于图像处理、数据归纳和模式识别等方面，在对图像噪声的提取、特征分布的鉴定等方面有重要的功能。此外，高斯分布也用于对图像的处理，例如 Photoshop 软件中有一项专门的功能称为高斯过滤。

以高斯分布为基础的单高斯分布聚类模型的原理就是考察已有数据建立一个分布模型，之后通过带入样本数据计算其值是否在一个阈值范围之内。

换句话说，对于每个样本数据考察期与先构建的高斯分布模型的匹配程度，若一个数据向量在一个高斯分布的模型计算阈值以内，则认为它与高斯分布相匹配。如果不符合阈值则认为不属于此模型的聚类。

一维高斯分布模型在上一节中已经介绍，下面主要介绍多维高斯分布模型。多维高斯分布模型公式如下：

$$G(x,\mu,\sigma)=\frac{1}{\sqrt{2\pi}}\exp(-\frac{(x-\mu)^{n-1}}{2\sigma})$$

其中，x 是一个样本数据，μ 和 σ 分别为样本的期望和方差。通过带入计算很容易判断样本 x 是否属于整体模型。

高斯分布模型可以通过训练已有的数据得到，并通过更新减少人为干扰，从而实现自动对数据进行聚类计算。

9.3.2 混合高斯模型

为什么要提出混合模型？因为单一模型与实际数据的分布严重不符，但是几个模型混合以后却能很好地描述和预测数据。混合高斯模型是在单高斯模型的基础上发展起来的，主要是为了解决单高斯模型对混合的数据聚合不理想的问题。每个高斯模型代表了一个类（一个 Cluster）。对样本中的数据分别在几个高斯模型上投影，就会分别得到在各个类上的概率，然后就可以选取概率最大的类为判决结果。

图 9-5 演示了一个很明显的情况，对于过度重叠在一起的数据，单高斯模型无法对其进行严谨区分。为了解决这个问题，引入了混合高斯模型。

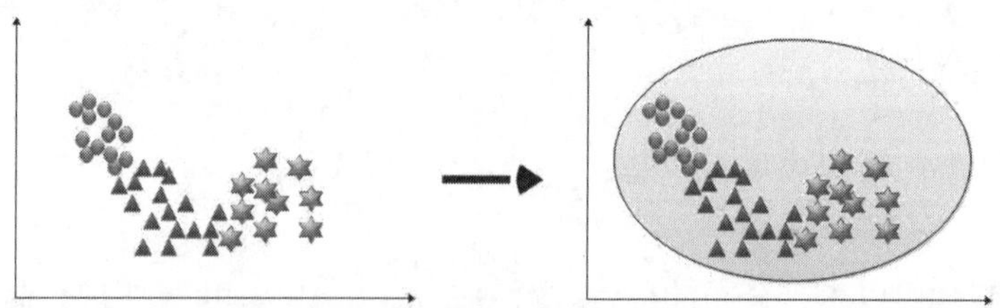

图 9-5　高斯聚类分布

混合高斯模型的原理可以用简单的一句话表述为，任何样本的聚类都可以使用多个单高斯分布模型来表示。其公式如下：

$$\Pr(x) = \sum \pi G(x, \mu, \sigma)$$

公式中 $G(x, \mu, \sigma)$ 是混合高斯模型的聚类核心，我们需要做的就是在样本数据已知的情况下训练获得模型参数，这里使用的是极大似然估计。具体本书就不做介绍了，请有兴趣的读者自行学习。

9.3.3　ML 高斯混合模型使用示例

首先是数据的准备。这里使用传统的数据集的方式，三维数据集如下所示。

数据位置：//DATA//C09//gmg.txt

```
//三维数据
0.0 0.0 0.0
0.1 0.1 0.1
0.2 0.2 0.2
9.0 9.0 9.0
9.1 9.1 9.1
9.2 9.2 9.2
```

在 C 盘建立名为 gmg.txt 的文件作为采用的数据集，也可以采用程序中 sample_kmeans_data 的数据。高斯混合模型的程序如程序 9-2 所示。

代码位置：//SRC//C09//GMG.scala

程序 9-2　ML 高斯混合模型

```
import org.apache.spark.ml.clustering.GaussianMixture

import org.apache.spark.sql.SparkSession


object GaussianMixtureExample {
  def main(args: Array[String]): Unit = {
    val spark = SparkSession
      .builder                          //创建 Spark 会话
      .master("local")                  //设置本地模式
      .appName("GaussianMixtureExample")  //设置名称
      .getOrCreate()                    //创建会话变量

    //读取数据
    val dataset = spark.read.format("libsvm").load("data/mllib/sample_kmeans_
data.txt")
```

```
    //训练 Gaussian Mixture Model，并设置参数
    val gmm = new GaussianMixture()
      .setK(2)
    val model = gmm.fit(dataset)

    //逐个打印单个模型
    for (i <- 0 until model.getK) {
      println(s"Gaussian $i:\nweight=${model.weights(i)}\n" +
      s"mu=${model.gaussians(i).mean}\nsigma=\n${model.gaussians(i).cov}\n")
    }
    //

    spark.stop()
  }
}
```

需要说明的是，new GaussianMixture().setK(2)方法用于设置了训练模型的分类数，可以在打印结果中看到模型被分成两个聚类结果。理论上可以通过增加 Model 的个数，用 GMM 近似任何概率分布。请读者自行打印最终结果。

9.4 快速迭代聚类

快速迭代聚类（PIC，也叫幂迭代聚类）是聚类方法的一种，但是其基础理论比较难，本节将简单介绍其基本理论基础和使用示例。

9.4.1 快速迭代聚类理论基础

快速迭代聚类是谱聚类的一种，是由 Lin 和 Cohen 开发的可扩展图聚类算法。谱聚类是最近聚类研究的一个热点问题，是建立在图论理论上的一种新的聚类方法。快速迭代聚类 PIC 和谱聚类算法类似，都是通过将数据嵌入到由相似矩阵映射出来的低维子空间中，然后直接或者通过 K-means 算法得到聚类结果。快速迭代聚类的基本原理是使用含有权重的无向线，将样本数据连接在一张无向图中，之后按相似度进行划分，使得划分后的子图内部具有最大的相似度而不同子图具有最小的相似度，从而达到聚类的效果。

图 9-6 演示了对数据集进行切分聚类的方法。与 K-means 类似，这里的聚类也属于无监督学习方法，因此其切分可以不同，并没有一个特定的限制。

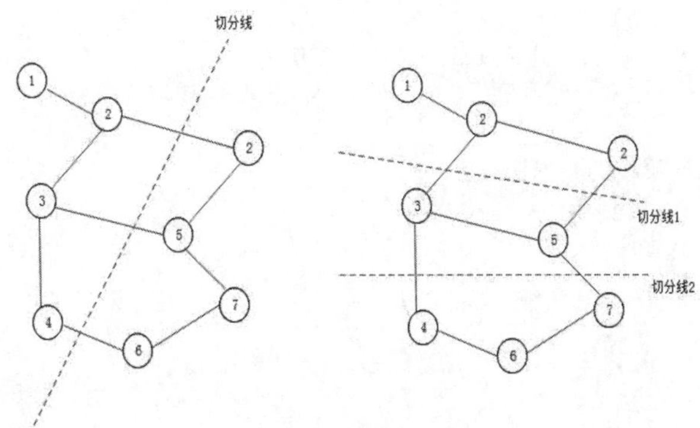

图 9-6 迭代聚类分割

每个点之间的距离由点之间的相似度计算获得，一般采用欧氏距离表示，公式如下：

$$d(x,y)=\sqrt{\sum(x_i-y_i)^2}$$

另外，还有余弦相似度和高斯核函数相似度表示，读者可查阅相关材料自行研究。

谱聚类基本原理就是利用计算得到的样本相似度组成一个相似度矩阵进行聚类计算。

9.4.2 ML 快速迭代聚类使用示例

首先是数据准备部分，由于快速迭代聚类的数据源要求 Seq[(Long),(Long),(Double)]，因此可以建立以下数据集：

数据位置：//DATA//C09//pic.txt

```
(0L, 1L, 1.0),
(0L, 2L, 1.0),
(1L, 2L, 1.0),
(3L, 4L, 1.0),
(4L, 0L, 0.1)
```

其中，第一个参数和第二个参数是第一个点和第二个数据点的编号，即其 ID（src 和 dst）。第三个参数为相似度计算值 weight。快速迭代聚类示例如程序 9-3 所示。

代码位置：//SRC//C09//PIC.scala

程序 9-3 快速迭代聚类

```
import org.apache.spark.ml.clustering.PowerIterationClustering

import org.apache.spark.sql.SparkSession

object PowerIterationClusteringExample {
  def main(args: Array[String]): Unit = {
    val spark = SparkSession
      .builder                          //创建 Spark 会话
```

```
      .master("local")                    //设置本地模式
      .appName("PowerIterationClusteringExample")  //设置名称
      .getOrCreate()                      //创建会话变量

    //创建快速迭代聚类的数据源
    val dataset = spark.createDataFrame(Seq(
      (0L, 1L, 1.0),
      (0L, 2L, 1.0),
      (1L, 2L, 1.0),
      (3L, 4L, 1.0),
      (4L, 0L, 0.1)
    )).toDF("src", "dst", "weight")

    //创建专用类
    val model = new PowerIterationClustering().
      setK(2).                        //设定聚类数
      setMaxIter(20).                 //设置迭代次数
      setInitMode("degree").          //初始化算法的参数
      setWeightCol("weight")          //权重列名称的参数

    //进行数据集预测
    val prediction = model.assignClusters(dataset).select("id", "cluster")
    //展示结果
    prediction.show(false)

    spark.stop()
  }
}
```

PowerIterationClustering 是快速迭代聚类专用的创建类，可以设置聚类的数目和最大迭代次数，以及初始化算法、权重列名称。输入数据可以获得训练模型。请读者自行打印最终结果。

9.5 小 结

本章讲解的内容是 ML 中较为重要的内容，主要介绍了聚类算法中常用的 K-means 算法、高斯聚类模型、快速迭代聚类等方法的理论基础和用法示例。

从数据挖掘的角度来看，聚类算法是无监督学习算法的一种。聚类算法从本身的算法出发，自动探索并对数据进行处理，往往因为处理时间的不同、循环迭代的次数不同和方法的先后顺序而得到不同的聚类结论。不同的分析人员对同一组数据进行处理，结果也不尽相同。

“物以类聚，人以群分”，聚类方法是较常见的对数据进行处理的方法，也是一种常见的数据挖掘算法的预处理过程。在 ML 中聚类方法还有更多的算法有待开发，读者可以先以已有的算法为基础，掌握它们的基本理论和用法，也可以自行编写相应的代码，从而获得更合适的算法。

第 10 章

关联规则

本章将介绍数据挖掘中最活跃和使用范围最广的研究方法——关联规则。

关联规则是研究不同类型的物品相互之间关联关系的规则，最早是针对沃尔玛超市的购物数据分析诞生的，可以用来指导超市进行购销安排；之后应用于其他领域，例如医学病例的共同特征挖掘以及网络入侵检测等。挖掘频繁项、项集、子序列或其他子结构通常是分析大规模数据集的第一步，这一步多年来一直是数据挖掘中的一个活跃的研究领域。

ML 包含了 FP-Tree 关联规则，这个关联规则是基于 Apriori 算法的频繁项集数据挖掘方法。它在提高算法的效率和鲁棒性等方面有了很大的提高。

本章主要知识点：

- Apriori 算法的概念及演示
- FP-Tree 的演示

10.1 Apriori 频繁项集算法

关联规则最初提出的动机是针对购物篮分析（Market Basket Analysis）问题提出的。假设分店经理想要深入了解顾客的购物习惯，特别是想知道顾客有可能会在一次购物时同时购买哪些商品？为回答该问题，可以对商店的顾客购物零售数量进行购物篮分析。该分析可以通过发现顾客放入“购物篮”中的不同商品之间的关联分析顾客的购物习惯。这种关联的发现可以帮助零售商了解顾客同时频繁购买的商品有哪些，从而帮助零售商开发更好的营销策略。

10.1.1 “啤酒与尿布”的经典故事

“啤酒与尿布”是一个神奇的故事。20 世纪沃尔玛超市的营销人员在对商品销售情况进行统计的时候发现，在某些特定的日子“啤酒”和“尿布”这两样看起来没有任何相关性的商品，会经常性地出现在同一份购物清单上，如图 10-1 所示。

图 10-1 啤酒与尿布

这种奇怪的现象引起了沃尔玛的注意。经过追踪调查后发现，在美国传统家庭中，一般是由母亲在家照顾新生婴儿，而父亲外出工作。父亲在结束工作后会进入超市采购日常用品，往往有的父亲在给婴儿购买尿布时，会顺带给自己买点啤酒。这样使得看起来没有任何相关性的商品被紧密地联系在一起。

提示：这只是一个简单的关联关系例子。作为大数据分析和处理人员，通过对购物清单进行分析，找出商品在购买时的关联关系，进而研究客户的购买行为，这是一个非常重要的工作技能。

沃尔玛公司发现了这个现象后，开始尝试将啤酒与尿布摆放在尽可能远的地方，连接通道的货架上摆放着能够吸引年轻父亲的一些具有吸引力的商品，从而使得他们能够尽可能多地购物。

10.1.2 经典的 Apriori 算法

“啤酒与尿布”是经典的关联规则挖掘算法的应用案例。Apriori 算法是一种挖掘关联规则的频繁项集算法，其核心思想是通过候选集生成和情节的向下封闭检测两个阶段来挖掘频繁项集，而且算法已经被广泛地应用到商业、网络安全等各个领域。

本节将以“啤酒与尿布”的例子讲解 Apriori 算法的基本原理。

表 10-1 中展示五份超市商品购买清单，其中每一行代表一个顾客购买的物品清单，简单起见这里省略了购买物品的数量。

表 10-1 购物清单

编 号	物 品	编 号	物 品
T1	果汁、鸡肉	T4	果汁、鸡肉、啤酒、尿布
T2	鸡肉、啤酒、鸡蛋、尿布	T5	鸡肉、果汁、啤酒、可乐
T3	果汁、啤酒、尿布、可乐		

在对购买清单进行 Apriori 算法分析之前，需要掌握一些基本理论。这里涉及一些基本的

概率论知识，首先是定义集合的概念。为了简化理论说明起见，首先定义两个相互独立的集合 X 和 Y，假设 X 和 Y 之间有一定的关联性，即相互之间存在关联规则（关联规则的表示使用支持度和置信度来说明）。

支持度表示 X 和 Y 中的项在同一情况下出现的次数。支持度（Support）的公式是：

$$\text{Support}(A\text{->}B)=P(A \cup B)$$

支持度揭示了 A 与 B 同时出现的概率。如果 A 与 B 同时出现的概率小，就说明 A 与 B 的关系不大；如果 A 与 B 同时出现非常频繁，就说明 A 与 B 总是相关的。

例如，在表 10-1 中，啤酒与尿布的同时出现次数为 3，而全部清单数为 5，则可以判定啤酒与尿布的支持度为 3/5。

置信度表示 X 和 Y 在一定条件下出现的概率。置信度（Confidence）的公式是：

$$\text{Confidence}(A\text{->}B)=P(A \mid B)$$

置信度揭示了 A 出现时 B 是否也会出现或有多大的概率出现。如果置信度为 100%，则 A 和 B 可以捆绑销售。如果置信度太低，则说明 A 的出现与 B 是否出现关系不大。

例如，在表 10-1 中，啤酒与尿布的同时出现次数为 3，而啤酒出现的次数为 4，则可以判定啤酒与尿布的置信度为 3/4。

Apriori 算法是由两部分组成的，即 A 和 priori，意为“一个先验”。如果说某个项集是频繁的，那么这个项集的子集也是频繁的。如果一个项集是非频繁的，那么这个项集的超集也是非频繁的。也就是说，每一项的计算是在前面项的基础上计算得到的，即需要一个先验计数，具体如图 10-2 所示。

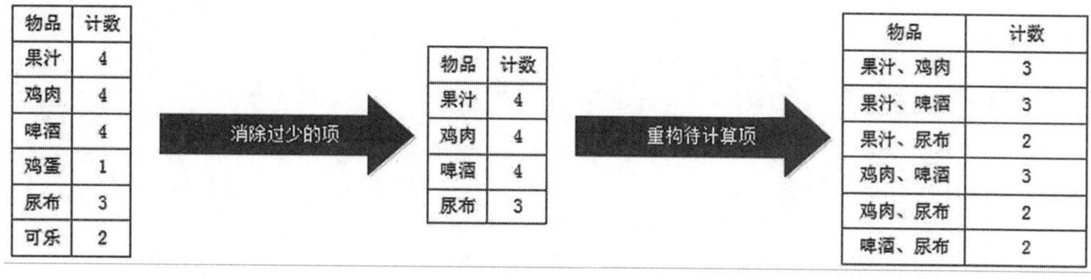

图 10-2　关联规则先验流程

从图 10-2 中可以看到，首先计算所需要的项的支持个数，抛弃数据支持个数过少的项；之后以此为基础相互组合，重新计算个数。最右的图是由中间的图自身与自身连接得到的（4×3÷2=6 项），即连接运算产生的候选 k 项集。根据 Apriori 性质，频繁项集的所有子集也必须是频繁的。

提示：Apri ori 算法属于候选消除算法，是一个生成候选集，消除不满足条件的候选集，并不断循环直到不再产生候选集的过程。

10.1.3 Apriori 算法示例

首先是数据的准备，在本例中使用表 10-1 中的清单数据，以此为基础进行数据的计算。其次是对算法的设定，为了简便起见，这里设置最小支持度为 2，如程序 10-1 所示。

代码位置：//SRC//C10//Apriori.scala

程序 10-1 Apriori 算法

```
import scala.collection.mutable
import scala.io.Source

object Apriori{

  def main(args: Array[String]) {

    val minSup = 2                                          //设置最小支持度
    val list = new mutable.LinkedHashSet[String]()   //设置可变列表
    Source.fromFile("c://apriori.txt").getLines()    //读取数据集并存储
    .foreach(str => list.add(str))                    //将数据存储
    var map = mutable.Map[String,Int]()               //设置 map 进行计数
    list.foreach(strss => {                           //计算开始
      val strs = strss.split("、")                     //分割数据
      strs.foreach(str => {                           //开始计算程序
        if(map.contains(str)){                        //判断是否存在
          map.update(str,map(str) + 1)                //对已有数据加1
        } else map += (str -> 1)                      //加入未存储的数据
      })
    })

    val tmpMap = map.filter(_._2 > minSup)   //判断最小支持度

    val mapKeys = tmpMap.keySet          //提取清单内容
    val tempList = new mutable.LinkedHashSet[String]()  //创建辅助 List
    val conList = new mutable.LinkedHashSet[String]()   //创建连接 List
    mapKeys.foreach(str => tempList.add(str))            //进行连接准备
    tempList.foreach(str => {                            //开始连接
      tempList.foreach(str2 =>{                          //读取辅助 List
        if(str != str2){                                 //判断
          val result = str + "、" + str2                  //创建连接字符
          conList.add(result)                            //添加
        }
      })
    })

    conList.foreach(strss => {            //开始对原始列表进行比对
      val strs = strss.split("、")         //切分数据
```

```
        strs.foreach(str => {                        //开始计数
          if(map.contains(str)){                     //判断是否包含
            map.update(str,map(str) + 1)             //对已有数据加1
          } else map += (str -> 1)                   //将未存储的数据加入
        })
      })
    }
  }
```

提示：为了便于理解和掌握 Apriori 算法，本示例使用的是 Scala 编写的单机运行程序，有兴趣的同学可以将其改成在 Spark 上运行的形式来学习。

10.2 FP-growth 算法

FP-growth 是数据挖掘领域的韩家炜创立的一种关联关系挖掘算法。他提出根据事物数据库构建 FP-Tree，然后基于 FP-Tree 生成频繁模式集。

ML 中也使用了 FP-growth 算法进行关联关系计算。FP-growth 在算法上较容易理解，在程序编写上有一定难度。读者可以先理解其基本原理和使用方法，在深入理解的基础上再尝试编写自己的关联关系程序，这也不失为一种学习方法。

10.2.1 Apriori 算法的局限性

Apriori 算法是关联算法中比较经典的算法，便于理解和程序代码实现，因此在一般数据处理和数据挖掘中应用非常广泛，但是它在算法设计上具有很大的局限性，并不能较为合适地处理大数据。

最主要的是 Apriori 使用 A 和 priori 这一特性来生成频繁项候选集，这样做的好处是在单机的情况下可以对频繁项集进行压缩处理，从而在有限的内存情况下最大限度地提高运算效率，坏处是还存在着两个主要问题：

- 第一个问题是会产生较多的小频繁项。小频繁项集过多会使得数据在进行计算处理的时候效率极大地降低，从而使得复杂度以指数形式增长，降低了 Apriori 整体效率。
- 第二个问题是频繁项集的处理需要多次扫描原样本数据库。一般情况下 IO 的处理需要消耗大量的处理时间，从而在计算的过程中消耗大量的资源在数据的读取上。数据集存放在内存中，大数据处理有困难。

10.2.2 FP-growth 算法

基于 Apriori 算法的不足，一个新的关联算法被提出，即 FP 树算法（FP-growth）。这个算法试图解决多次扫描数据库带来的大量小频繁项集的问题。这个算法在理论上只对数据库进行两次扫描，直接压缩数据库生成一个频繁模式树，从而形成关联规则。它采用了一些技巧，无论多少数据，只需要扫描两次数据集，因此提高了算法运行的效率。

在具体过程上，FP 树的算法主要由两大步骤完成：

（1）利用数据库中的已有样本数据构建 FP 树。

（2）建立频繁项集规则。

为了更好地解释 FP 树的建立规则，我们以表 10-1 提供的数据清单为例进行讲解。

FP 树算法的第一步就是扫描样本数据库，将样本按递减规则排序，删除小于最小支持度的样本数。结果如下：

```
果汁 4
鸡肉 4
啤酒 4
尿布 3
```

这里使用最小支持度 3 得到以上计数结果。之后重新扫描数据库，并将样本按上面支持度数据排列，结果如表 10-2 所示。

表 10-2　排序后的购物清单

编　号	物　品
T1	果汁、鸡肉
T2	鸡肉、啤酒、尿布
T3	果汁、啤酒、尿布
T4	果汁、鸡肉、啤酒、尿布
T5	果汁、鸡肉、啤酒

提示：表 10-2 已经对数据进行了重新排序，从 T5 的顺序可以看出，原来的“鸡肉、果汁、啤酒、可乐”被重排为“果汁、鸡肉、啤酒”，这是第二次扫描数据库，也是 FP 树算法最后一次扫描数据库。

下面开始构建 FP 树，将重新生成的表 10-2 按顺序插入 FP 树中，如图 10-3 所示。

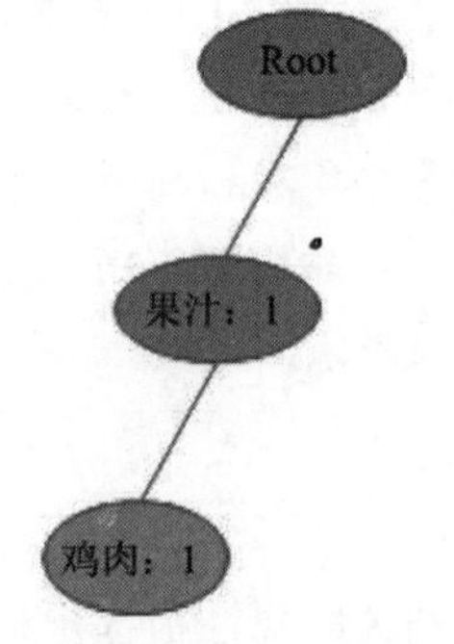

图 10-3　FP-growth 算法流程 1

需要说明的是，Root 是空集，用来建立后续的 FP 树。之后继续插入第二条记录，如图 10-4 所示。

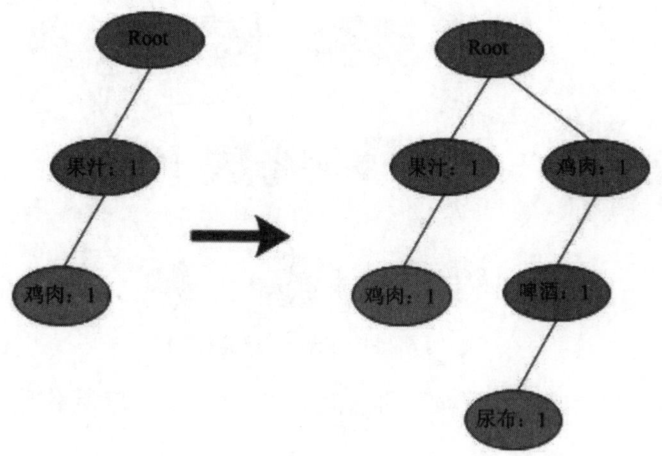

图 10-4　FP-growth 算法流程 2

在新生成的树中，鸡肉的数量变成 2，这样继续生成 FP 树，可以得到如图 10-5 所示的完整的 FP 树。

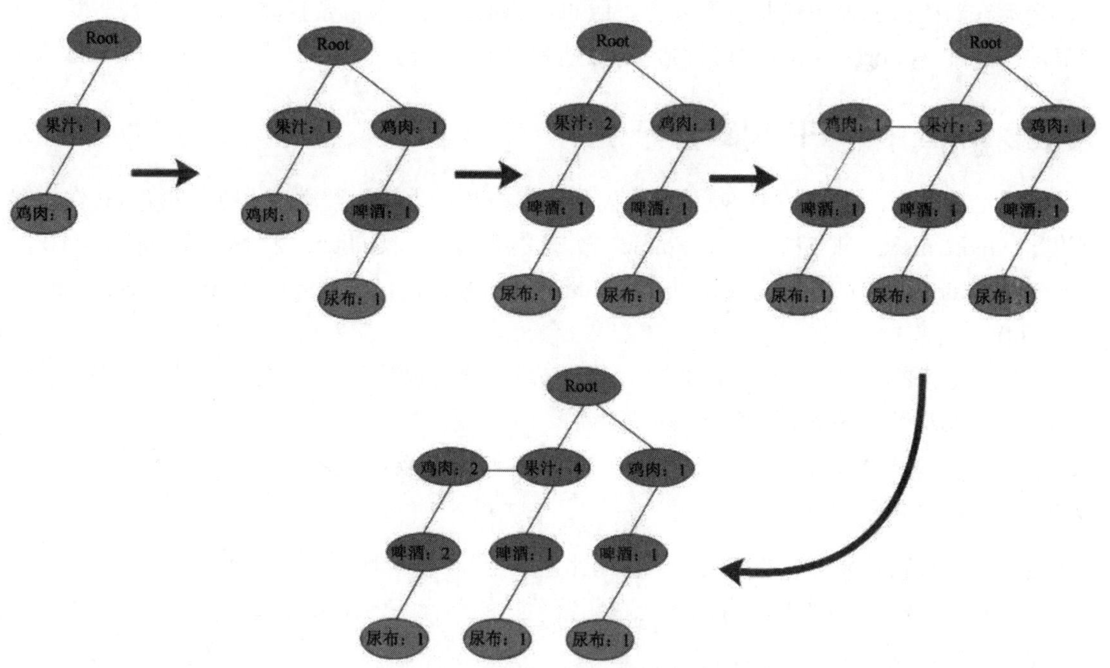

图 10-5　FP-growth 算法流程 3

建立对应的 FP 树之后，可以开始频繁项集挖掘工程，这里采用逆向路径工程对数据进行数据归类。首先需要建立的是样本路径，如图 10-6 所示。

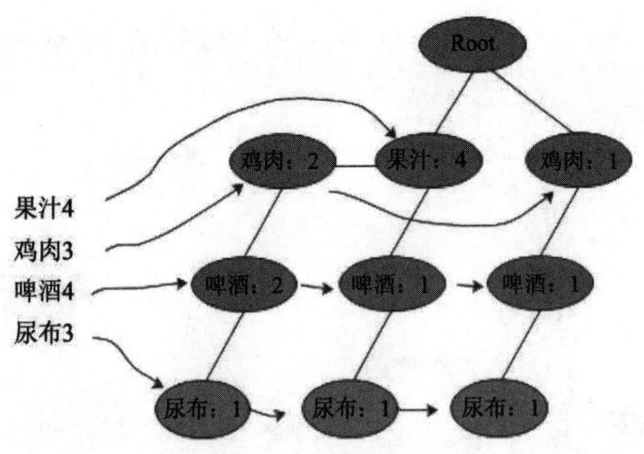

图 10-6 FP-growth 算法流程 4

这里假设需要求取“啤酒、尿布”的包含清单，则从支持度最小项开始，可以获得如下数据：

```
尿布：1，啤酒：2，鸡肉：2
尿布：1，啤酒：1，果汁：4
尿布：1，啤酒：1，鸡肉：1
```

之后在新生成的表中递归查找包含“尿布”的项，完成项目查找并计算相关置信度。FP 树算法改进了 Apriori 算法的 I/O 瓶颈，巧妙地利用了树结构。

10.2.3 ML 中的 FP 树算法示例

首先准备数据，这里使用自建数据作为训练集，也可以在 C 盘建立相应文件 fp.txt 作为数据集。freqItemsets 规定为 DataFrame 格式的频繁项集("items"[Array],"freq"[Long])，associationRules 规定的格式为 DataFrame("antecedent"[Array],"consequent"[Array],"confidence"[Double])。

之后对建模的源码进行分析，通过上一小节的分析可以看到，FP 树建立过程中需要设定最小支持度以及最小置信度，即：

```
val fpgrowth = new FPGrowth().setItemsCol("items").setMinSupport(0.5).
setMinConfidence(0.6)
```

这里用分数表示最小支持度数与整体的比值。全部代码如程序 10-2 所示。

在 ML 中，FP 树算法是一种用于挖掘频繁项集的并行 FP-growth 算法。

代码位置：//SRC//C10//FPTree.scala

程序 10-2 FP 树

```
import org.apache.spark.ml.fpm.FPGrowth
import org.apache.spark.sql.SparkSession
```

```
object FPGrowthExample {

  def main(args: Array[String]): Unit = {
    val spark = SparkSession
      .builder                              //创建 Spark 会话
      .master("local")                      //设置本地模式
      .appName("FPGrowthExample")           //设置名称
      .getOrCreate()                        //创建会话变量
    import spark.implicits._

    //创建数据集
    val dataset = spark.createDataset(Seq(
      "1 2 5",
      "1 2 3 5",
      "1 2")
    ).map(t => t.split(" ")).toDF("items")
    //设置参数，训练模型
    val fpgrowth = new
FPGrowth().setItemsCol("items").setMinSupport(0.5).setMinConfidence(0.6)
    val model = fpgrowth.fit(dataset)

    //打印频繁项集
    model.freqItemsets.show()

    //打印生成的关联规则
    model.associationRules.show()

    //该 transform 方法将其项与每个关联规则的前因进行比较。如果该记录包含特定关联规则的所
    //有前因，则该规则将被视为适用，并将其结果添加到预测结果中
    model.transform(dataset).show()

    spark.stop()
  }
}
```

对于每个事务 itemsCol，该 transform 方法将其项与每个关联规则的前因进行比较。如果该记录包含特定关联规则的所有前因，则该规则将被视为适用，并将结果添加到预测结果中。变换方法将所有适用规则的结果总结为预测，预测列的数据类型为 itemsCol 与 itemsCol。

```
//最终预测结果展示
+------------+----------+
|       items|prediction|
+------------+----------+
|   [1, 2, 5]|        []|
|[1, 2, 3, 5]|        []|
|      [1, 2]|       [5]|
+------------+----------+
```

其他结果请读者自行打印。

10.3 小 结

本章对关联关系做了一个理论说明并实现了经典的 Apriori 算法。Apriori 算法虽然便于理解和编写程序，但是它要求多次扫描数据集，会带来无谓的资源损耗，因此在大数据领域缺乏实用价值。

FP 树是为了解决 Apriori 算法需要对数据集进行多次读取这个弊端而诞生的，只需要读取两次数据集即可。虽然理论有点难度，但是读者应该对这种算法有一定的了解。

FP 树是一个较 Apriori 算法而言更为轻量级的算法，在求解和复杂度分析方面有着极大的优势，但是对于大数据而言，它的空间复杂度和时间复杂度较高。在实践中，FP 树算法是可以用于生产环境的关联算法；Apriori 算法作为先驱，起着关联算法指明灯的作用。除了 FP 树，GSP、CBA 之类的算法都是 Apriori 派系的。

第 11 章

数据降维

随着互联网技术与数据收集能力的不断提高，人们借助各种手段和方法获取和存储数据的能力越来越强，这些数据呈现出数据量多、维数高、结构复杂的一些特点。数据降维是伴随大数据技术的蓬勃发展而诞生的一个新兴学科。

数据降维又称为维数约简，从名称上看就是降低数据的维数。目前，ML 中使用的降维方法主要有两种：奇异值分解（SVD）和主成分分析（PCA）。

本章主要知识点：

- SVD 的概念及应用
- PCA 的概念及应用

由于本章的内容较为理论化，因此，如果有的读者对其感到难以理解，可以跳过本章的理论部分，直接掌握相关程序的用法。

11.1 奇异值分解

奇异值分解是矩阵分解计算的一种常用方法，本书在介绍协同过滤的时候也稍微提到了使用矩阵分解方面的例子。

矩阵分解的更多的应用是在数据降维方面。ML 天生是为大数据服务的，虽然如此，但是对于数据中包含的一些不是很重要的信息，可以通过不同的方式给予去除，从而可以节省资源以投放在更重要的工作中，这也是数据降维的目的。

本节将介绍奇异值分解，这是矩阵分解的常用方法，将一个大矩阵分解为若干个低维度的矩阵来表示是其最终目的。

11.1.1 行矩阵详解

第 4 章已经介绍了行矩阵的概念，我们可以将行矩阵看作一个包含若干行向量的特征矩阵集合，每一行就是一个具有相同格式的向量集合。

RowMatrix 的创建源码如下：

```
(1) new RowMatrix(rows: RDD[Vector])
(2) new RowMatrix(rows: RDD[Vector], nRows: Long, nCols: Int
```

- rows：数据列表。
- nRows：起始行号。
- nCols：起始列号。

第一个 new 方法创建的 RowMatrix 是默认方法，对数据集中所有数据进行创建，带有 nRows 和 nCols 的方法可以选择起始行创建相应的部分数据 RowMatrix。

用户可以将其在硬盘上建立相应的文件，现在环境为 Spark 3.0，所以使用如下方式读取数据。RowMatrix 的读取方式如下：

```
//加载向量
val data = Array(
  Vectors.sparse(5, Seq((1, 1.0), (3, 7.0))),
  Vectors.dense(2.0, 0.0, 3.0, 4.0, 5.0),
  Vectors.dense(4.0, 0.0, 0.0, 6.0, 7.0)
  )

//转换成 RowMatrix 的输入格式
val data1 = spark.sparkContext.parallelize(data)
```

提示：部分读取的方式请读者自行练习。

11.1.2 奇异值分解算法基础

奇异值分解（SVD）是线性代数中一种重要的矩阵分解方法，涉及的原理很复杂，这里用比较简单的图例来说明。奇异值分解算法其实是众多矩阵分解的一种。除了在 PCA 上使用，也有用于推荐。

一般来说一个矩阵可以用其特征向量来表示，即矩阵 A 可以表示为：

$$A\lambda=V\lambda$$

这里 V 就被称为特征向量 λ 对应的特征值。首先需要知道的是，任意一个矩阵在与一个向量相乘后，就相当于进行了一次线性处理，例如：

$$A=\begin{bmatrix}3 & 0\\0 & 1\end{bmatrix}=\begin{bmatrix}3 & 0\\0 & 1\end{bmatrix}\begin{bmatrix}x\\y\end{bmatrix}=\begin{bmatrix}3x\\y\end{bmatrix}$$

可以将其进行线性变换，可得如图 11-1 所示的形式。

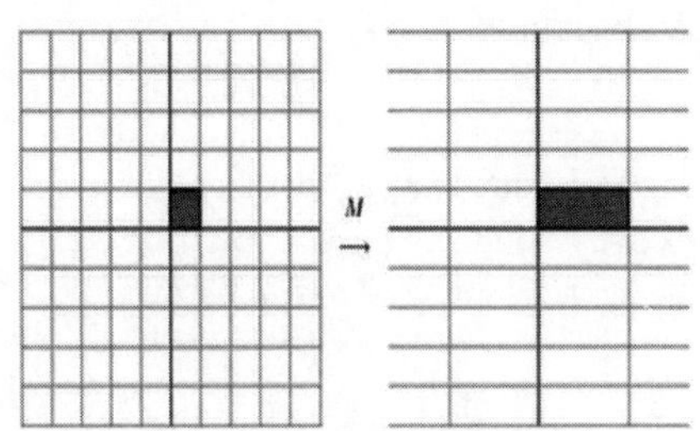

图 11-1　奇异值分解图示

可以认为一个矩阵在计算过程中将它在一个方向上进行拉伸，需要关心的是拉伸的幅度与方向。

一般情况下，拉伸幅度在线性变换中是可以忽略或近似计算的一个量，需要关心的仅仅是拉伸的方向，即变换的方向。当矩阵维数已定时，可以将其分解成若干个带有方向特征的向量，获取其不同的变换方向从而确定出矩阵。

基于以上解释，可以简单地把奇异值分解理解为：一个矩阵分解成带有方向向量的矩阵相乘，即：

$$\boldsymbol{A}=\boldsymbol{U\Sigma V}^{\mathrm{T}}$$

用图示表示如图 11-2 所示。

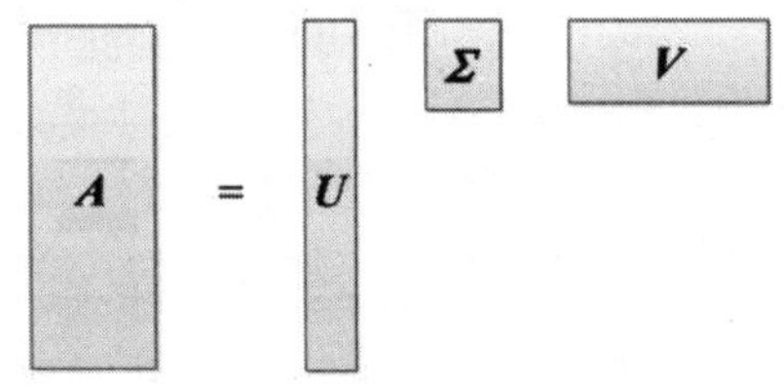

图 11-2　将矩阵分解为带有方向向量的矩阵

其中的 $\boldsymbol{U}$ 是一个 $M\times K$ 阶层的矩阵，$\boldsymbol{\Sigma}$是一个 $K\times K$ 的矩阵，而 $\boldsymbol{V}$ 也是一个 $N\times K$ 阶层的矩阵，这三个方阵相乘的结果就是形成一个近似于 $\boldsymbol{A}$ 的矩阵。这样做的好处是能够极大地减少矩阵的存储空间，很多数据矩阵在经过 SVD 处理后，其所占空间只有原先的 10%，从而极大地提高运算效率。

11.1.3　ML 中奇异值分解示例

这里采用 11.1.1 节同样的数据进行处理，具体如下：

```
Vectors.sparse(5, Seq((1, 1.0), (3, 7.0))),
Vectors.dense(2.0, 0.0, 3.0, 4.0, 5.0),
```

```
Vectors.dense(4.0, 0.0, 0.0, 6.0, 7.0)
```

其次是对源码的分析。在奇异值分解算法中，整个算法计算的基础是建立有效行矩阵。因此可以在其基础上进行奇异值分解。全部代码如程序 11-1 所示。

代码位置：//SRC//C11//SVD.scala

程序 11-1 奇异值分解

```
import org.apache.spark.mllib.linalg.Vectors
import org.apache.spark.mllib.linalg.distributed.RowMatrix
import org.apache.spark.sql.SparkSession


object SVD {
  def main(args: Array[String]): Unit = {
    val spark = SparkSession
      .builder          //创建 Spark 会话
      .master("local")  //设置本地模式
      .appName("SVD")   //设置名称
      .getOrCreate()    //创建会话变量

    //加载向量
    val data = Array(
      Vectors.sparse(5, Seq((1, 1.0), (3, 7.0))),
      Vectors.dense(2.0, 0.0, 3.0, 4.0, 5.0),
      Vectors.dense(4.0, 0.0, 0.0, 6.0, 7.0)
    )

    //转换成 RowMatrix 的输入格式
    val data1 = spark.sparkContext.parallelize(data)

    //建立模型
    val rm = new RowMatrix(data1)                        //读入行矩阵
    val SVD = rm.computeSVD(2, computeU = true)      //进行 SVD 计算
    println(SVD)                                         //打印 SVD 结果矩阵

  }
}
```

除了可以对 SVD 进行直接打印外，还有对 SVD 中分解的矩阵求出的方法，代码如下：

```
val U = SVD.U
val s = SVD.S
val V = SVD.V
```

结果请读者自行打印查阅。

11.2 主成分分析

主成分分析（Principal Component Analysis，PCA）是指将多个变量通过线性变换以选出

少数重要变量的一种多元统计分析方法，又称主分量分析。在实际应用场合中，为了全面分析问题，往往提出很多与此有关的变量（或因素），因为每个变量都在不同程度上反映这个应用场合的某些信息。

主成分分析是设法将原来众多具有一定相关性（比如 P 个指标）的指标重新组合成一组新的互相无关的综合指标来代替原来的指标，从而实现数据降维的目的，这也是 ML 的处理手段之一。

11.2.1　主成分分析的定义

在用统计分析方法研究多变量的课题时，变量个数太多就会增加课题的复杂性。人们自然希望变量个数较少而得到的信息较多。在很多情形下，变量之间是有一定相关关系的，当两个变量之间有一定相关关系时，可以解释为这两个变量反映此课题的信息有一定的重叠。主成分分析是对于原先提出的所有变量，将重复的变量（关系紧密的变量）删去，建立尽可能少的新变量，使得这些新变量是两两不相关的，而且这些新变量在反映课题的信息方面尽可能保持原有的信息。

设法将原来的变量重新组合成一组新的、互相无关的综合变量，同时根据实际需要从中取出几个较少的综合变量，以尽可能多地反映原来变量的信息的统计方法，叫作主成分分析或者主分量分析。这也是数学上用来降维的一种方法。

特征提取包含特征选择。做特征提取就要做主成分分析，选择好的成分（特征）来进行提取，有效信息保留多才是好的。

11.2.2　主成分分析的数学基础

理解 PCA 需要较多的数学基础知识，本小节将以例子的形式为读者讲解 PCA 基础。

假设有一个二维数据集$(x_1, x_2, x_3,\cdots, x_n)$，分布如图 11-3 所示，要求将其从二维降成一维数据。

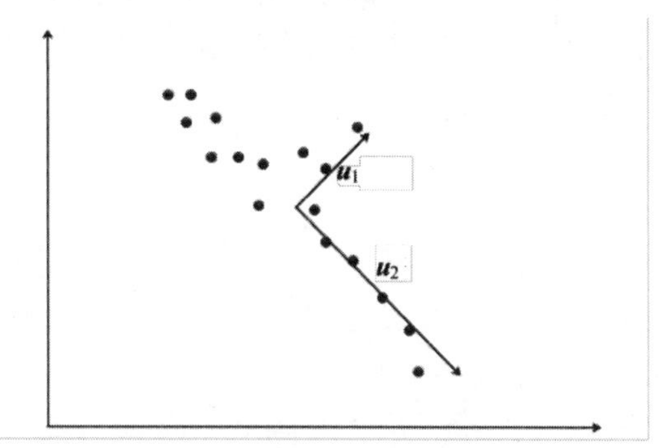

图 11-3　主成分分析原理图

其中，$\boldsymbol{u}_1$ 和 $\boldsymbol{u}_2$ 分别为其数据变化的主方向，$\boldsymbol{u}_1$ 变化的幅度大于 $\boldsymbol{u}_2$ 变化的幅度，即可认为数据集在 $\boldsymbol{u}_1$ 方向上的变化比 $\boldsymbol{u}_2$ 方向上的大。为了更加数字化表示 $\boldsymbol{u}_1$ 和 $\boldsymbol{u}_2$ 的大小，可参考如下公式：

$$A = \frac{1}{m}\sum_{i=1}^{m}(x_i)(x_i)^t$$

计算后可得到数据集的协方差矩阵 $\boldsymbol{A}$。可以证明计算结果数据变化的 $\boldsymbol{u}_1$ 方向为协方差矩阵 $\boldsymbol{A}$ 的主方向，$\boldsymbol{u}_2$ 为次级方向。

之后可以将数据集使用 $\boldsymbol{u}_1$ 和 $\boldsymbol{u}_2$ 的矩阵形式进行表达，即：

$$\boldsymbol{x}_{\text{rot}} = \begin{bmatrix} u_1^{\mathrm{T}} x \\ u_2^{\mathrm{T}} x \end{bmatrix} = u_1^{\mathrm{T}} x_i$$

$\boldsymbol{x}_{\text{rot}}$ 是数据重构后的结果，此时二维数据集通过 $\boldsymbol{u}_1$ 以一维的形式表示。如果将其推广到更一般的情况，当 $\boldsymbol{x}_{\text{rot}}$ 包含更多的方向向量时，则只需要选取前若干个成分表示整体数据集。

$$\boldsymbol{x}_{\text{rot}} = \begin{bmatrix} \boldsymbol{u}_1^{\mathrm{T}} x \\ \boldsymbol{u}_2^{\mathrm{T}} x \\ \cdots \\ 0 \\ 0 \end{bmatrix} = \boldsymbol{u}_1^{\mathrm{T}} x \times \boldsymbol{u}_2^{\mathrm{T}} x \cdots x_i$$

提示：整体推导过程和公式计算较为复杂，建议感兴趣的读者参考统计学关于主成分分析的相关资料。

可以这样说，PCA 将数据集的多个特征降维，可以对其进行数据缩减。例如，当十维的样本数据被处理后只保留二维数据进行，整体数据集被压缩 80%，极大地提高了运行效率。

11.2.3 ML 中主成分分析示例

对于 ML 中的 PCA 算法，PCA 是一种统计程序，使用正交变换将一组可能相关的变量的观测值，转换为一组称为主成分的线性不相关变量的值。PCA 类训练模型使用 PCA 将向量投影到低维空间。完整的示例参见程序 11-2。

代码位置：//SRC//C11//PCAExample.scala

程序 11-2 PCA

```
import org.apache.spark.ml.feature.PCA
import org.apache.spark.ml.linalg.Vectors
import org.apache.spark.sql.SparkSession

object PCAExample {
  def main(args: Array[String]): Unit = {
    val spark = SparkSession
      .builder                        //创建 Spark 会话
```

```
      .master("local")             //设置本地模式
      .appName("PCAExample")       //设置名称
      .getOrCreate()               //创建会话变量

    //加载向量
    val data = Array(
      Vectors.sparse(5, Seq((1, 1.0), (3, 7.0))),
      Vectors.dense(2.0, 0.0, 3.0, 4.0, 5.0),
      Vectors.dense(4.0, 0.0, 0.0, 6.0, 7.0)
    )
    val df = spark.createDataFrame(data.map(Tuple1.apply)).toDF("features")

    //提取主成分，设置主成分个数
    val pca = new PCA()
      .setInputCol("features")
      .setOutputCol("pcaFeatures")
      .setK(3)
      .fit(df)

    //打印结果
    val result = pca.transform(df).select("pcaFeatures")
    result.show(false)

    spark.stop()
  }
}
```

上面的例子展示了如何将五维特征向量投影到三维主成分中。PCA 类训练模型使用 PCA 将向量投影到低维空间。其中，setK()中的参数是主成分的个数。

具体结果如下所示：

```
+-----------------------------------------------------------+
|pcaFeatures                                                |
+-----------------------------------------------------------+
|[1.6485728230883807,-4.013282700516296,-5.524543751369388] |
|[-4.645104331781534,-1.1167972663619026,-5.524543751369387]|
|[-6.428880535676489,-5.337951427775355,-5.524543751369389] |
+-----------------------------------------------------------+
```

11.3 小　结

本章演示了数据降维的两种常见方法：SVD 和 PCA，这也是目前 ML 机器学习库中两种数据降维的方法。它们为大数据的数据维数过多、噪声过多提供了相应的解决方法，提高了大数据运算效率。

根据算法的特性得知 SVD 和 PCA 属于线性无监督降维。此外，数据降维的方法还有很多，包括非线性降维、监督和半监督降维等。这样降维的手段众多、意义重大，数据的结果也不尽相同，因此在使用时需要选择合适的降维方法。

下一章主要介绍特征提取和转换，同样会用到大量的降维方法，请读者继续深入学习和练习。

第 12 章 特征提取和转换

本章将介绍数据处理的另外一个重要内容——特征提取和转换。

与数据降维相同，特征提取和转换也是处理大数据的一种常用方法和手段，其目的是创建新的能够代替原始数据的特征集，更加合理有效地展现数据的重要内容。特征提取指的是由原始数据集在一定算法操作后创建和生成的新的特征集，这种特征集能够较好地反映原始数据集的内容，同时在结构上大大简化。

ML 中目前使用的特征提取和转换方法主要有 TF-IDF、词向量化、正则化、特征选择等，这些方法在本章中都会介绍。需要注意的是，特征提取和转换算法的应用，都要求与实际业务领域相结合，不同的领域有着不同的特征提取和转换方法。

本章主要知识点：

- TF-IDF 的概念及应用
- 词向量化工具
- 基于卡方检验的特征选择

12.1 TF-IDF

TF-IDF 是一种较为简单的特征提取算法，简单到任何使用者只需要一小时就可以掌握其原理。在实际应用领域中，TF-IDF 算法作为一个经典的数据挖掘算法有着广泛的应用情景。

ML 中使用 TF-IDF 算法作为文本特征提取算法，是在文本挖掘中广泛使用的特征向量化方法，使用的数学公式较为简单，建议读者可以深入学习一下。

注意，这部分涉及文本挖掘以及信息检索相关的知识，因此涉及自然语言处理领域的一些知识。

12.1.1 如何查找想要的新闻

在互联网上想要搜索某条新闻或报道时，并不需要长篇地写出相关新闻的摘要和内容，而只需简单填入所属的关键词。问题来了，搜索程序如何在后台对关键词进行搜索，同时可以将其按重要程度展现给搜索人员而不需要人为干涉呢？

在回答这个问题时，我们可能会考虑到很多因素，例如对数据选择涉及信息检索、文本挖掘等一些“高大上”的技术，但是答案却很简单，关键词搜索采用了一个非常简单的搜索算法，即本节中需要介绍的 TF-IDF 算法。

拿到一篇文章通读一遍后，最重要的是提炼出其中心思想。计算机搜索也是如此，不过要由中心思想的提取转换成关键词的提取。

一般认为一篇文章的关键词是其在文章中出现最多的词，因此关键词提取一个最简单的思路就是提取在文章中出现最多的词，即“词频”（Term Frequency，TF）的提取。

问题又来了，有些词在使用过程中是作为常用的词被广泛使用的，这些词在各个文章中大量出现，在提取时会产生大量的干扰“噪声”，因此需要一个能够解决词频出现过多问题的办法。

对此问题的解决仍旧使用一个非常简单的办法，当一篇文章中提取的词频较多的关键词在当前文章中多次出现而在其他文章中较少出现时，它可能最大幅度地反映了这篇文章的“中心思想”，即所需提取的关键词。

用统计语言表示，对所提取的每个词分配一个权重，用于表示其重要性程度。一般情况下，常见词作为关键词所分配的权重较小，而不常见的词作为关键词分配的权重较大。这个权重叫作“逆文档频率”（Inverse Document Frequency，IDF），它的大小与一个词的常见程度成反比。

概括起来说，TF-IDF 的一般定义如下：

- TF（Term Frequency）为词频的定义，表示为某个关键词在一个文本中出现的次数。一般认为某个特定词在当前文本中出现的次数越多，越能反映出文本特征。
- IDF（Inverse Document Frequency）为逆文本频率定义，表示为某个关键词在一个文本集中的区分能力。某个特定关键词在文本集中出现的次数越多，其区分能力越差。例如，一些常用的介词完全没有任何区分能力，反而出现次数最多。

12.1.2 TF-IDF 算法的数学计算

下面开始对 TF-IDF 的计算进行介绍，首先需要掌握的就是 TF 和 IDF 的数学计算公式，其公式如下：

$$\mathrm{TF}=\frac{\text{某个词在文章中出现的次数}}{\text{文章的总词数}}$$

$$\mathrm{IDF}=\log\left(\frac{\text{查找的文章总数+1}}{\text{包含该词的文章数+1}}\right)$$

从 IDF 公式中可以看到，一个词如果在不同的文章中出现得较多，即较为常见，则可认为其分母越大计算得到的 IDF 值越小。分母加 1 是为了防止分母为 0 造成的计算机内部系统计算错误。

因此，最终获得的 TF-IDF 计算公式如下：

$$TF-IDF=TF(词频)\times IDF(逆文档频率)$$

需要注意的是，对于不同的文本信息，经过 TF-IDF 确定的关键词向量后，其中可能包含较多数目的特征关键词，因此选取不同数目的可信关键词会对结果造成一定程度的影响。一般认为，选取的关键词数目偏少，代表的信息熵不足；过多的话，则可能会给关键词向量引入较多的噪声项，降低文本信息相似度计算的准确性。

12.1.3 ML 中 TF-IDF 示例

TF-IDF 用于对文章中关键词的提取和计算，因此在本例中准备的数据是若干文字材料。

数据位置：//DATA//D12//word.txt

```
Hi I heard about Sparkgoodbye spark
I wish Java could use case classesspark
Logistic regression models are neat
```

之后对其进行程序计处理，完整代码如程序 12-1 所示。

代码位置：//SRC//C12//TfIdfExample.scala

程序 12-1 TF-IDF

```
import org.apache.spark.ml.feature.{HashingTF, IDF, Tokenizer}
import org.apache.spark.sql.SparkSession

object TfIdfExample {

  def main(args: Array[String]): Unit = {
    val spark = SparkSession
      .builder                          //创建 Spark 会话
      .master("local")                  //设置本地模式
      .appName("TfIdfExample")          //设置名称
      .getOrCreate()                    //创建会话变量

    //数据为若干文字材料
    val sentenceData = spark.createDataFrame(Seq(
      (0.0, "Hi I heard about Spark"),
      (0.0, "I wish Java could use case classes"),
```

```
    (1.0, "Logistic regression models are neat")
  )).toDF("label", "sentence")

  //将字分词后的字符串分割为一个个词语，Tokenizer()只能分割以空格间隔的字符串
  val tokenizer = new
Tokenizer().setInputCol("sentence").setOutputCol("words")
  val wordsData = tokenizer.transform(sentenceData)

  //将每个词转换成 Int 型，并计算其在文档中的词频（TF）
  //新建 words --> rawFeatures HasingTF 转换器
  val hashingTF = new HashingTF()
    .setInputCol("words").setOutputCol("rawFeatures").setNumFeatures(20)

  //执行计算，获得每个语句中每个词语的词频，即 TF
  val featurizedData = hashingTF.transform(wordsData)
  //计算 IDF (Inverse Document Frequency)
  val idf = new IDF().setInputCol("rawFeatures").setOutputCol("features")
  val idfModel = idf.fit(featurizedData)

  //计算 TF_IDF 词频
  val rescaledData = idfModel.transform(featurizedData)
  rescaledData.select("label", "features").show()

  spark.stop()
 }
}
```

HashingTF 是一个 Transformer，接受一组元素项并将这些组转换为固定长度的特征向量。IDF 是一个 Estimator，对 Dataframe 进行 fit 操作生成 IDFModel。数据集是 HashingTF 的 Transform 函数生成的特征向量。计算 TF_IDF 词频，需要在 HashingTF 的 Transform 函数生成的特征向量上调用 Transform 函数得到结果。

具体结果如下所示：

```
+-----+--------------------+
|label|            features |
+-----+--------------------+
|  0.0|(20,[6,8,13,16],[...|
|  0.0|(20,[0,2,7,13,15,...|
|  1.0|(20,[3,4,6,11,19]...|
+-----+--------------------+
```

除此之外，需要注意，TF_IDF 在实际使用过程中需要对文本进行分词处理。这里建议采

用中国科学院的 ICTCLAS（http://www.ictclas.org）（或者 ScalaNLP，或者哈工大的 LTP）作为确定的分词工具，主要作用有两个：去除停用词、对提取的关键词做语义重构。

（1）去除关键词的作用主要是去除一些常用的辅助词，这些词的存在不会对文章的意义产生任何影响，例如常用的副词、介词，以及设定的一些文本中出现的特定地名、单位或组织机构名称等，以便在对文本进行特征选择时将其忽略，从而避免对特征向量的建立产生影响。

（2）针对中文的使用特性，需要对提取的关键词做语义重构。在中文文章中，一般会出现较多由普通名词构成的专有名词，例如“数据挖掘”和“数据结构”。虽然“数据挖掘”和“数据结构”是两个不同的词语，表示两个完全不同的学科，但是在语义分析时分词器往往由于规则设定的不同将其拆分成“数据”“挖掘”“数据”“结构”。这样在后续的分析中会将完全不同的两个文本标记成具有 50%相似度的文本，是一个非常严重的错误。因此，必须对设定规则进行重构，以区分不同的概念。

12.2 词向量化 Word2Vec

简单地说，现实中的语言文本问题要转化为机器学习或数据挖掘的问题，第一步肯定是要找一种方法把这些符号数字化，即要将语言文本翻译成机器能够认识的语言。词向量工具就是为了解决这个翻译问题而诞生的。

ML 中提供了词向量化的工具，其目的是在不增加维数的前提下，将大量的文本内容数字化。本节的学习可以与文本相似度距离结合在一起，以便更好地理解相关内容。

12.2.1 词向量化基础

计算机在处理海量的文本信息时采用的一个重要的处理方法就是将文本信息向量化表示，即将每个文本中包含的词语进行向量化存储。

为了能够处理海量的文本，ML 采用一种低维向量的方法来表示词组。这样做的最大的好处是，对于选定的词组在向量空间中能够更加紧密地靠近，从而方便文本特征提取和转换。

Word2Vec 是 Google 在 2013 年开源的、一款将词表征为实数值向量的高效工具，是用一个一层的神经网络把 one-hot 形式的词向量映射为分布式形式的词向量工具。分布式的向量表示在许多自然语言处理应用（如命名实体识别、消歧、词法分析、机器翻译等）中非常有用。

Word2Vec 将词转换成分布式向量。分布式表示的主要优势是相似的词在向量空间中距离较近，这使我们更容易泛化新的模式并且使模型估计更加健壮。

目前 ML 中的词向量转换采用的是 skip-gram 模型。skip-gram 模型也是神经网络学习方法的一个特定学习方式，具体如图 12-1 所示。

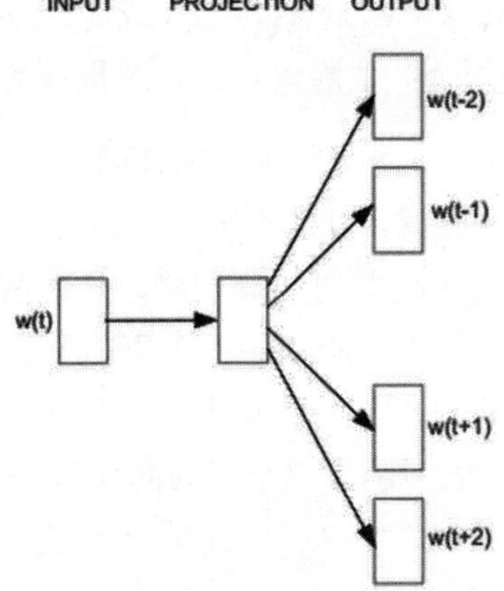

图 12-1 skip-gram 模型

图 12-1 中的 $w(t)$是输入的文本，PROJECTION 对应的是模型参数，而输出的是每个单词出现的概率，因此整体 skip-gram 可以用如下公式表示：

$$f(x) = \arg\max \prod_{\omega \in \text{Text}} \left[\prod_{c \in C(\omega)} p(c \mid \omega, \theta) \right]$$

其中，ω 代表整体文章，$p(c \mid \omega, \theta)$ 是指在模型参数 θ 的情况下，某个语句 c 在 ω 中出现的概率，因此整体就转化成寻找一个特定 θ，从而使得 $f(x)$最大化。

提示： skip-gram 算法较为复杂，请有兴趣的读者自行研究，本书不再过多阐述。

12.2.2 ML 中词向量化使用示例

词向量是对文本进行处理的一种方法，因此在数据的选择上使用 12.1.3 节中提供的数据集。

完整词向量训练方法如程序 12-2 所示。

代码位置：//SRC//C12//Word2VecExample.scala

程序 12-2 词向量化

```
import org.apache.spark.ml.feature.Word2Vec
import org.apache.spark.ml.linalg.Vector
import org.apache.spark.sql.Row
import org.apache.spark.sql.SparkSession

object Word2VecExample {
  def main(args: Array[String]): Unit = {
    val spark = SparkSession
      .builder                        //创建 Spark 会话
```

```
    .master("local")                  //设置本地模式
    .appName("Word2VecExample")       //设置名称
    .getOrCreate()                    //创建会话变量

  //从 Seq 或者 Doc 中加载数据，每一行为分词的结果
  val documentDF = spark.createDataFrame(Seq(
    "Hi I heard about Spark".split(" "),
    "I wish Java could use case classes".split(" "),
    "Logistic regression models are neat".split(" ")
  ).map(Tuple1.apply)).toDF("text")

  //创建 Word2Vec 对象并把单词映射到向量中
  val word2Vec = new Word2Vec()
    .setInputCol("text")
    .setOutputCol("result")
    .setVectorSize(3)
    .setMinCount(0)
  val model = word2Vec.fit(documentDF)

  //预测
  val result = model.transform(documentDF)
  result.collect().foreach { case Row(text: Seq[_], features: Vector) =>
    println(s"Text: [${text.mkString(", ")}] => \nVector: $features\n") }

  //寻找 neat 的相似词
  val synonyms = model.findSynonyms("neat", 2)
  for(synonym <- synonyms){                     //打印找到的内容
    println(synonym)
  }

  spark.stop()
 }
}
```

在上面的代码段中，我们从一组文档开始，每个文档都由单词序列表示。对于每个文档，我们将其转换为特征向量，然后将该特征向量传递给学习算法。findSynonyms 方法包含两个参数，分别为查找目标和查找数量，可以在其中设置需要的查找目标。VectorSize(3)表示生成的要从单词转换的向量的维度，默认值是 100。结果如下所示：

```
Text: [Hi, I, heard, about, Spark] =>
Vector: [-0.024317434459226208,-0.015829450637102126,0.01689382940530777]

Text: [I, wish, Java, could, use, case, classes] =>
Vector: [-0.053701002317081 6,-0.018913335033825463,0.02375599781849554 3]

Text: [Logistic, regression, models, are, neat] =>
Vector: [0.01655797511339188,-0.027168981288559737,0.08163769766688347]

//两个最相似的词
```

```
[heard,0.9391120076179504]
[models,0.8834888935089111]
```

12.3 基于卡方检验的特征选择

卡方检验是用途非常广泛的一种假设检验方法，在分类资料统计推断中一般用于检验一个样本是否符合预期的一个分布。其计算原理就是，把待测定的数据分布分成几个互不相交的区域（每个区域的理论概率可知），之后查看测定结果值落在这些区域的频率是否跟理论概率差不多。

一般来说卡方检验就是统计样本的实际观测值与理论推断值之间的偏离程度。实际观测值与理论推断值之间的偏离程度决定了卡方值的大小：卡方值越大，越不符合；偏差越小，卡方值越小，越趋于符合。量值完全相等时，卡方值就为 0，表明理论值完全符合。

特征选择试图识别相关的特征用于模型构建。它改变特征空间的大小，可以提高速度以及统计学习行为。在 ML 中，卡方检验主要是用于对结果进行检验，考核通过程序算法做出的特征提取是否符合预期。

12.3.1 “吃货”的苦恼

作为一个“吃货”，一般都遇到过这样的苦恼：兴冲冲地买回来一大堆食材，却不知道如何去做。一个标准的“吃货”会怎么处理这件事呢？最简单的办法就是去网上查找相应的食谱。作为查找服务提供方的搜索引擎，如果此时提供的不是一份完美的指导菜谱，而是一份品尝感受，那么“吃货”会不会有砸了电脑的冲动呢？

卡方检验的特征提取就是为了解决这种苦恼而诞生的。

假设“吃货”想查找“星斑”的菜谱，搜索引擎系统通过网络爬虫抓捕到 N 篇网页，其中有 M 篇是关于游记的，只有 N-M 篇可称为菜谱。为了简单起见，这里只选择两类。对于计算机来说，存在表 12-1 所示的几种可能。

表 12-1 菜谱查找数目

分 类	菜 谱	游 记	合 计
包含“星斑”	A	B	A+B
不包含“星斑”	C	D	C+D
总数	N-M	M	N

下面涉及一些概率方面的内容。

对包含“星斑”内容的网页来说，它所占的百分比为$(A+B)/N$，以相同的概率应用到菜谱网页中，则可以计算得到包含“星斑”的菜谱为：

$$E = (N - M)\frac{A + B}{N}$$

其中，E 为包含“星斑”的菜谱的期望值。根据计算可得到其方差为：

$$D = \frac{(A - E)^2}{E}$$

同样根据这样的计算可得到不同情况下的方差，最后计算“星斑”与“菜谱”类的卡方值：

$$\chi^2 = D_1 + D_2 + D_3 + D_4 = \frac{N(AD - BC)^2}{(A + B)(C + D)}$$

通过计算得到的卡方值用来反映“星斑”与所提供的网页群之间的相关性。卡方值越大，说明搜索的内容与所提供的网页信息差别越明显，不相关的可能性越大。

总之，卡方检验是用于检验实际值与理论值偏差的统计量。一般可以先假定两个量相互独立之后再对它们进行计算，推翻或验证原先的假定量。如果偏差小于阈值，就认定假设真实可信；如果偏差大于阈值，就认为偏差过大，原先的假设不成立。

12.3.2 ML 中基于卡方检验的特征选择示例

ML 中卡方检验主要是对已有的向量进行数据归类处理，它对具有分类特征的标记数据进行操作，使用独立的卡方检验来决定选择哪些特征。在数据准备上，数据格式如下：

数据位置：//DATA//D12//FeatureSelection.txt

```
id | features              | clicked
---|-----------------------|---------
 7 | [0.0, 0.0, 18.0, 1.0] | 1.0
 8 | [0.0, 1.0, 12.0, 0.0] | 0.0
 9 | [1.0, 0.0, 15.0, 0.1] | 0.0
```

其中，第一列为 id 号，第二列为特征向量列，第三列为是否点击，也就是我们需要预测的目标，具体实现如程序 12-3 所示。

代码位置：//SRC//C12//ChiSqSelectorExample.scala

程序 12-3 基于卡方检验的特征选择

```
import org.apache.spark.ml.feature.ChiSqSelector
import org.apache.spark.ml.linalg.Vectors
import org.apache.spark.sql.SparkSession

object ChiSqSelectorExample {
  def main(args: Array[String]): Unit = {
```

```
    val spark = SparkSession
      .builder                                //创建 Spark 会话
      .master("local")                        //设置本地模式
      .appName("ChiSqSelectorExample")        //设置名称
      .getOrCreate()                          //创建会话变量
    import spark.implicits._

    //数据准备
    val data = Seq(
      (7, Vectors.dense(0.0, 0.0, 18.0, 1.0), 1.0),
      (8, Vectors.dense(0.0, 1.0, 12.0, 0.0), 0.0),
      (9, Vectors.dense(1.0, 0.0, 15.0, 0.1), 0.0)
    )

    val df = spark.createDataset(data).toDF("id", "features", "clicked")
    //ChiSqSelector 是一个 Estimator
    //numTopFeatures 根据卡方检验选择固定数量的顶级特性，类似于生成具有最强大预测能力的功能
    val selector = new ChiSqSelector()
      .setNumTopFeatures(1)
      .setFeaturesCol("features")
      .setLabelCol("clicked")
      .setOutputCol("selectedFeatures")
    val result = selector.fit(df).transform(df)

    println(s"ChiSqSelector  output  with  top  ${selector.getNumTopFeatures}
features selected")
    result.show()

    spark.stop()
  }
}
```

numTopFeatures 根据卡方检验选择固定数量的顶级特性，类似于生成具有最强大预测能力的功能。选择器将选择的特性数量按 p 值升序排列。如果特性的数量小于 numTopFeatures，那么它将选择所有特性。仅适用于 selectorType = "numTopFeatures"时，numTopFeatures 的默认值是 50。卡方选择器还支持不同的选择方法。

最终结果如下所示：

```
//因为.setNumTopFeatures(1)
//所以产生 top1的特征（也称最高特征）
ChiSqSelector output with top 1 features selected
+---+------------------+-------+----------------+
```

```
| id|          features|clicked|selectedFeatures|
+---+------------------+-------+----------------+
|  7|[0.0,0.0,18.0,1.0]|    1.0|          [18.0]|
|  8|[0.0,1.0,12.0,0.0]|    0.0|          [12.0]|
|  9|[1.0,0.0,15.0,0.1]|    0.0|          [15.0]|
+---+------------------+-------+----------------+
```

12.4 小　结

本章是 ML 算法理论的最后一章，主要介绍了一些文本向量化工具和特征选择工具，帮助 ML 对文本进行处理。

从实际应用情况来看，经过 ML 中特征选择的工具和方法已经有不少，但是针对具体实际问题的使用还存在大量的不足和欠缺之处。

特征选择工具和方法的使用要与实际应用紧密联系在一起。本章提供的若干工具的实现和算法分析也是从对具体情况的分析获得的。

TF-IDF 主要是对文本进行提取和分类，从而计算不同的文章之间的相似度。从微观上来看，词向量和卡方检验特征提取都是信息向量化的一种方式，由此获得单个词的归属和之间的相互比较。

本章介绍了多个工具的使用方法，希望能够帮助读者更好地驾驭 ML，去解决实际中遇到的大数据处理问题。这也是本书写作的宗旨。接下来一章的内容是一个案例的整体实战，让大家看看怎么应用前面所学的知识来解决实际问题。

第 13 章

ML 实战演练——鸢尾花分析

本章开始进入激动人心的部分，即 ML 的实战。如果前面的内容掌握得不好，那么需要你回过头去重新学会。所以，你真的准备好了吗？

本章将会介绍若干个采用 ML 来分析处理数据的实例，主要内容包括：

- 数据预处理和分析
- 数据集的回归分析
- 决策树测试

13.1 建模说明

本章主要研究一个较为基础和经典的数据挖掘任务，包括数据的预处理、数据的分析性挖掘和多种 ML 算法的使用。这里笔者选择了一个经典的数据集，即鸢尾花数据集。

在实战中，我们将带领读者去研究不同的鸢尾花的生长分布和种类的判定方法，其中会使用到回归分析方法以及决策树方法，这些都是现实中常用的数据挖掘方法。在回归分析方法中，我们将比较线性回归和逻辑回归在分析相同数据集上的异同。

13.1.1 数据的描述与分析目标

鸢尾花数据集是由杰出的统计学家 R.A.Fisher 在 20 世纪 30 年代中期创建的，是公认的、用于数据挖掘的最著名的数据集。

鸢尾花为法国的国花，如图 13-1 所示。Setosa、Versicolour、Virginica（记住这三种花名）是三种有名的鸢尾花，其萼片绚丽多彩，和向上的花瓣不同，它的花萼是下垂的。

图 13-1　鸢尾花

这三种鸢尾花很像，人们试图建立模型，根据萼片和花瓣的四个度量来把鸢尾花进行一个分类。鸢尾花数据集给出 150 个鸢尾花的样本，主要是以长度进行标注，以及这些花分别属于的种类等共五个变量。萼片和花瓣的长宽为四个定量变量，而种类为分类变量（取三个值 Setosa、Versicolour、Virginica）。这里三种鸢尾花各有 50 个观测值，共有 150 个观测值，部分数据如表 13-1 所示。

表 13-1　iris 数据集

Sepal.Length	Sepal.Width	Petal.Length	Petal.Width	Species
5.1	3.5	1.4	0.2	Iris-setosa
4.9	3	1.4	0.2	Iris-setosa
4.7	3.2	1.3	0.2	Iris-setosa
4.6	3.1	1.5	0.2	Iris-setosa
5	3.6	1.4	0.2	Iris-setosa
5.4	3.9	1.7	0.4	Iris-setosa
4.6	3.4	1.4	0.3	Iris-setosa
5	3.4	1.5	0.2	Iris-setosa
…	…			
7	3.2	4.7	1.4	Iris-versicolor
6.4	3.2	4.5	1.5	Iris-versicolor
6.9	3.1	4.9	1.5	Iris-versicolor
5.5	2.3	4	1.3	Iris-versicolor

（续表）

Sepal.Length	Sepal.Width	Petal.Length	Petal.Width	Species
6.5	2.8	4.6	1.5	Iris-versicolor
5.7	2.8	4.5	1.3	Iris-versicolor
6.3	3.3	4.7	1.6	Iris-versicolor
4.9	2.4	3.3	1	Iris-versicolor
……				
6.3	3.3	6	2.5	Iris-virginica
5.8	2.7	5.1	1.9	Iris-virginica
7.1	3	5.9	2.1	Iris-virginica
6.3	2.9	5.6	1.8	Iris-virginica
6.5	3	5.8	2.2	Iris-virginica
7.6	3	6.6	2.1	Iris-virginica
4.9	2.5	4.5	1.7	Iris-virginica
7.3	2.9	6.3	1.8	Iris-virginica

数据地址：//DATA//D13//iris.csv。

不同种类的鸢尾花有不同的特征外貌，相同类的鸢尾花有不同的特征，而不同类的鸢尾花可能会有相同的特征，因此研究其分类并对其做出预测以提高采集分类的准确率是很有必要的。

本例使用经典的鸢尾花数据集，能够较好地反映出分析结果，可以让读者学会使用 ML 对完整的数据进行分析，也可以让读者掌握数据的相关性判断和种类判断的方法。

13.1.2 建模说明

本数据来源于经典的数据挖掘数据研究库，并多次用于国际数据分析大赛，同时也被多种书选为专用数据案例集。本书数据集收在配书下载包//DATA//D13 目录下的数据表 iris.csv 中。

数据集中有 4 类观测特征和一个判定归属，一共有 150 条数据。更进一步说，每条数据的记录是观测一个鸢尾花瓣所具有的不同特征数，即：

- 萼片长（sepal length）
- 萼片宽（sepal width）
- 花瓣长（petal length）
- 花瓣宽（petal width）
- 种类（species）

通过以上这些特征，可以对一个鸢尾花的最终归属做出判定。由此可见，本案例是一个数据分析和数据挖掘的任务。这是 ML 所能处理的诸多问题中的一类问题。图 13-2 呈现了一个数据挖掘算法的流程图，下面我们详细介绍其中的几个步骤。

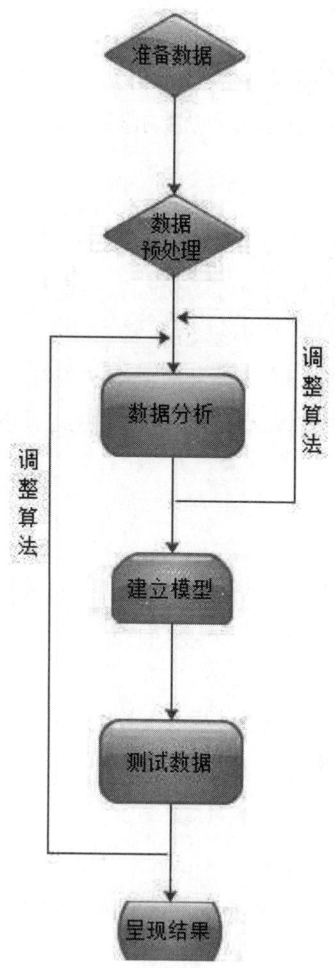

图 13-2 数据挖掘模型

1. 准备数据

在一个数据挖掘算法中，首先要收集相应的数据。数据可以分散在不同的数据库或者数据源中，包括传统的数据库和实时性较强的调查问卷等方式。例如，在本例中，鸢尾花的数据可能来源于不同的国家，在当时可能是通过相关的人员实地测量或者通过购买、赠送的方式获取的。

2. 数据预处理

这里的预处理指的是对数据进行相应的处理，例如数据重排和数据清洗。

首先对数据的格式进行排列，使之成为能够被机器识别的数据格式。这是一项非常重要的工作，常用的方法有数据的向量矩阵化、数据降维以及特征值的提取等。

其次对数据预处理来说，还需要对数据进行清理。数据清理一般指的是删除错误数据和一些明显偏离正确值范围的数据。有时候还需要预处理数据中的隐含信息、识别数据特性、查验数据源等。

不完整和不正确的数据往往看起来影响较少，但是由于数据在实际分析过程中具有很强的关联性和相关性，因此它们会以各种方式干扰数据模型建立的准确性和分析结果。

3. 数据分析

数据分析是数据挖掘的一个组成部分，主要包括计算数据的最小值和最大值，计算整体的平均偏差和标准偏差，以及查看数据的分布。例如，在鸢尾花数据集中，需要对每个特征进行计算，从而获得其平均值、最大值和最小值。

其次，标准偏差和其他分发值，可以用来提供有关结果的稳定性和准确性等有用信息。数据的标准偏差通过添加更多数据可以帮助改进模型。由此可以判断，与标准分发值的偏差很大的数据可能在采集上受到干扰。

4. 调整算法

在整个数据挖掘和分析过程中，需要不停地对使用的数据模型进行调整。这里的调整指的是采用不同的算法对数据模型进行拟合分析，从而找到一个能够真正反映数据内在关系的数据分析算法。

这里所说的不同算法包括那种只是参数不同或者是某一类下的具体算法调整。一般而言，对数据算法的选择需要根据分析的目的来确定，例如：

- 任务的目的是什么？
- 数据具有什么类型的相互关系？
- 是否需要预测数据，还是只需要查找相互之间的关联？
- 预测的目标是什么？结论还是属性？

因此，在基于特定目标的情况下，对数据的算法进行调整是一个非常重要的做法。

5. 建立模型和测试数据

模型根据分析数据算法的结果建立相应的分析模型，之后根据模型对部分数据进行测试。

在此过程中，测试数据需要与建立模型的数据分开，即不能使用相同的数据进行测试，否则会产生拟合结果的失真或者过拟合。

需要对测试结果进行及时准确的反馈，当一部分数据分析结果不尽如人意时，则需要重新更换测试模型，从而让整个测试获得最佳测试结果。

6. 呈现结果

数据挖掘的结果最终需要进行展示，而展示的过程尽量要求以可视化为主。这一点需要借助其他程序呈现，这里不再做过多的阐述。

13.2 数据预处理和分析

对于数据挖掘和数据处理来说，数据预处理是重中之重，可以说数据的好坏决定着数据分析的成败。在正式对数据进行分类之前，需要对数据进行统计，删除一些具有明显偏离值较大的数据，并对其进行相关系数和距离计算。

在本案例中，采用鸢尾花数据集，并对其萼片（sepal）长宽以及花瓣（petal）长宽进行统计分析。本数据集的三种鸢尾花数据是在同一个数据集中的，因此这也是一个做统计分析对比的机会。

13.2.1 微观分析——均值与方差的对比分析

均值与方差的对比分析需要调用 ML 中的 stat 方法（计算数据基本统计量的方法），如表 13-2 所示。

表 13-2 stat 统计方法汇总

方法名称	释 义
count	行内数据个数
max	最大数值单位
mean	最小数值单位
normL1	欧几里得距离
normL2	曼哈顿距离
numNonzeros	不包含 0 值的个数
variance	标准差

下面首先对鸢尾花数据集中的第一个数据萼片长（sepal length）做出分析。由于所有的数据都在一个统计表中，因此可以将其取出做成独立的数据集，不过这是旧版本的做法。这里不做成独立的数据集，具体操作如程序 13-1 所示。

代码位置：//SRC//C13//irisMean.scala

程序 13-1 均值与方差分析

```
import org.apache.spark.ml.feature.VectorAssembler
import org.apache.spark.ml.stat.Summarizer
import org.apache.spark.sql.SparkSession
import org.apache.spark.sql.types.DoubleType
import org.apache.spark.ml.linalg.{Vector, Vectors}
import org.apache.spark.ml.stat.Summarizer

object test_iris {
 def main(args: Array[String]): Unit = {
```

```
    val spark = SparkSession
      .builder                              //创建 Spark 会话
      .master("local")                      //设置本地模式
      .appName("irisMean")                  //设置名称
      .getOrCreate()                        //创建会话变量

    //隐式转换
    import spark.implicits._
    import Summarizer._

    //读取数据，第一行为列名，并且设置了自动推断数据类型
    val data = spark.read.format("csv").option("header",
"true").option("inferSchema", "true").load("./src/C13/iris.csv")

    //合并成 vector
    val assembler = new VectorAssembler()
      .setInputCols(Array("Sepal_Length"))
      .setOutputCol("features")
    val dataset = assembler.transform(data)

    //选取 setosa 的五十条数据
    val setosa = dataset.where("Species = 'Iris-setosa'")

    //计算均值和方差
    val (meanVal2, varianceVal2) = setosa.select(mean($"features"),
variance($"features")).as[(Vector, Vector)].first()

    //打印均值
    println("setosa 中 Sepal.Length 的均值为：" + {meanVal2})
    //打印方差
    println("setosa 中 Sepal.Length 的方差为：" + {varianceVal2})
  }
}
```

其中，均值反映了一个集合中数值的平均数，可以查看这组数据中的数据集中程度；方差反映的是一组数据的离散程度。计算后的打印结果如下：

```
setosa 中 Sepal.Length 的均值为：[5.006]
setosa 中 Sepal.Length 的方差为：[0.12424897959183673]
```

setosa 中 Sepal.Length 的均值近似为 5.0，而方差近似为 0.124。

提示： 读者可以分别测算这 3 种类别中 Sepal.Length 的长度，这里不再重复。

下面是对整体数据的一个度量。为了更好地反映偏差程度和均值，我们计算一下所有数据在一起的均值和方差，如程序 13-2 所示。

代码位置：//SRC//C13//irisAll.scala

程序 13-2 计算所有数据在一起的均值和方差

```
import org.apache.spark.ml.feature.VectorAssembler
import org.apache.spark.ml.linalg.Vector
import org.apache.spark.ml.stat.Summarizer
import org.apache.spark.ml.stat.Summarizer.{mean, variance}
import org.apache.spark.sql.SparkSession

object irisAll {
  def main(args: Array[String]): Unit = {
    val spark = SparkSession
      .builder                          //创建 Spark 会话
      .master("local")                  //设置本地模式
      .appName("irisAll")               //设置名称
      .getOrCreate()                    //创建会话变量

    //隐式转换
    import spark.implicits._
    import Summarizer._

    //读取数据，第一行为列名，并且设置了自动推断数据类型
    val data = spark.read.format("csv").option("header",
"true").option("inferSchema", "true").load("./src/C13/iris.csv")

    //合并成 vector
    val assembler = new VectorAssembler()
      .setInputCols(Array("Sepal_Length"))
      .setOutputCol("features")
    val dataset = assembler.transform(data)

    //计算均值和方差
    val (meanVal2, varianceVal2) = dataset.select(mean($"features"),
variance($"features"))
      .as[(Vector, Vector)].first()

    //打印均值
    println("全部 Sepal.Length 的均值为：" + {
      meanVal2
    })
    //打印方差
    println("全部 Sepal.Length 的方差为：" + {
      varianceVal2
    })
  }
}
```

最终打印结果如下：

```
全部 Sepal.Length 的均值为：[5.843333333333333]
全部 Sepal.Length 的方差为：[0.6856935123042518]
```

这里也计算出了一个均值和方差，如果读者对此数据分析的结果不敏感，可参见表 13-3。

表 13-3　鸢尾花萼片长的均值与方差

种　类	均　值	方　差	种　类	均　值	方　差
Setosa	5	0.1243	virginica	6.588	0.4043
versicolor	5.936	0.2664	all	5.843	0.6857

这里说明一下，Spark DataFrame 中的某几列合并成 vector，常常用于 ML 机器学习模型的输入。可以使用 org.apache.spark.ml.feature.VectorAssembler 库来将 DataFrame 中的某几列合并成 vector，具体做法请看上述两份代码合并成 vector 部分。

想更为直观地表示均值与方差的话，可以采用图的形式（见图 13-3）。

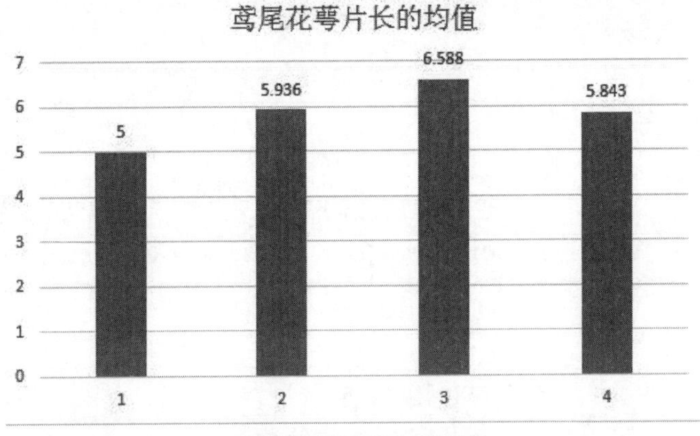

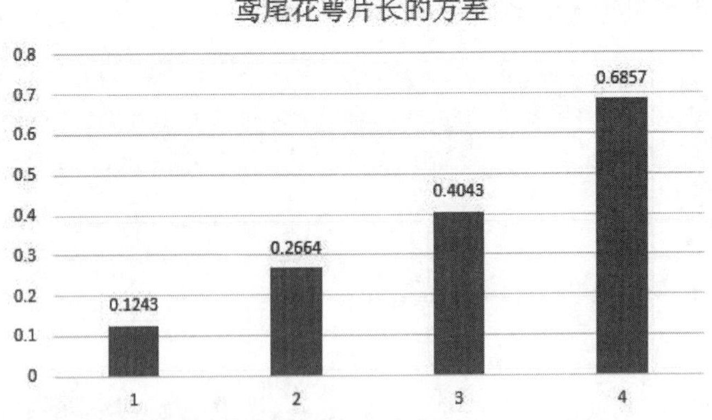

图 13-3　鸢尾花萼片长的均值与方差

从图 13-3 中的对比可以看出，不同种类的鸢尾花具有不同的均值和方差，一个基本规律就是随着均值的增加，其方差也在有程度地增加。这一点符合均值与方差相互关系的基本规律，即测量数据加大误差增加。

当测试全部的鸢尾花数据集时，会发现明显的均值与方差偏离，即均值在缩小而偏差在加大，这一点明显表示出现数据错误的现象。

提示：读者可以对其他 3 个特征（萼片宽、花瓣长、花瓣宽）分别进行测算，查看其相关之间的规律和趋势，这里不再重复；还可以对其他 3 个特征进行合并测算，具体思路是使用 VectorAssembler 合并多个特征。

13.2.2　宏观分析——不同种类特性的长度计算

13.2.1 节中对鸢尾花的内部特性进行了分析，根据其均值与方差的背离和拟合程度分析出不同的鸢尾花特性在定量分析下具有明显的差异，可以较好地反映出数据正确与否。

均值与方差分析是在单一数据集的内部进行计算的方法，而对于宏观（整体的特性）的比较却不易获取，因此需要一个标量能够对不同种类的整体特性进行比较。

ML 统计方法中有一种专门用于统计宏观量的数据格式，即整体向量距离的计算方法，分别为曼哈顿距离和欧几里得距离。这两个量用来计算向量的整体程度。

数据的准备方面，因为要求计算不同数据集之间的长度，所以可以使用每个数据集的单独特性进行计算。具体实现参见程序 13-3。

代码位置：//SRC//C13//irisNorm.scala

程序 13-3　计算每个数据集的单独特性

```
import org.apache.spark.ml.feature.VectorAssembler
import org.apache.spark.ml.linalg.Vector
import org.apache.spark.ml.stat.Summarizer
import org.apache.spark.ml.stat.Summarizer.{mean, normL1, variance}
import org.apache.spark.sql.SparkSession

object irisNorm {
  def main(args: Array[String]): Unit = {
    val spark = SparkSession
      .builder                    //创建 Spark 会话
      .master("local")            //设置本地模式
      .appName("irisNorm")        //设置名称
      .getOrCreate()              //创建会话变量

    //隐式转换
    import spark.implicits._
    import Summarizer._

    //读取数据，第一行为列名，并且设置了自动推断数据类型
    val data = spark.read.format("csv").option("header",
"true").option("inferSchema", "true").load("./src/C13/iris.csv")

    //合并成 vector
```

```
    val assembler = new VectorAssembler()
      .setInputCols(Array("Sepal_Length"))
      .setOutputCol("features")
    val dataset = assembler.transform(data)
    //选取 setosa 的50条数据
    val setosa = dataset.where("Species = 'Iris-setosa'")

    //计算曼哈顿距离、欧几里得距离
    val  (normL1,  normL2)  =  setosa.select(Summarizer.normL1($"features"),
Summarizer.normL2($"features"))
      .as[(Vector, Vector)].first()

    //打印均值
    println("setosa 中 Sepal.Length 的曼哈顿距离的值为：" + {normL1})
    //打印方差
    println("setosa 中 Sepal.Length 的欧几里得距离的值为：" +  {normL2})
  }
}
```

程序中分别计算了曼哈顿距离和欧几里得距离，显示结果如下：

```
setosa 中 Sepal 的曼哈顿距离的值为：[250.29999999999998]
setosa 中 Sepal 的欧几里得距离的值为：[35.48365821050586]
```

同样可以得到其他三种类型的特性的距离，参见表 13-4。

表 13-4　Sepal.Length 的距离计算

距离类型	setosa	versicolor	virginica
曼哈顿距离	250.3	291.1	329.4
欧几里得距离	35.5	41.7	46.8

图 13-4 反映了 Sepal.Length 距离计算的内容。

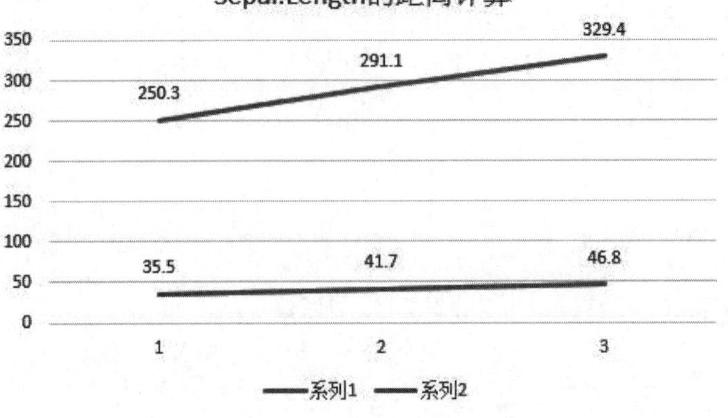

图 13-4　Sepal.Length 的距离计算

从图 13-4 中可以明显地看到，随着样本的改变，长度趋势在不断地增加，这也符合三类鸢尾花的生长特性。

表 13-5~表 13-7 展示了不同特性的距离计算。

表 13-5　Sepal.Width 的距离计算

距离类型	setosa	versicolor	virginica
曼哈顿距离	170.9	138.5	148.7
欧几里得距离	24.3	19.7	21.2

表 13-6　Petal.Length 的距离计算

距离类型	setosa	versicolor	virginica
曼哈顿距离	73.2	213	277.6
欧几里得距离	10.4	30.3	39.4

表 13-7　Petal.Width 的距离计算

距离类型	setosa	versicolor	virginica
曼哈顿距离	12.2	66.3	101.3
欧几里得距离	1.88	9.48	14.45

将表 13-4~表 13-7 改为图形的形式表示，如图 13-5 所示。

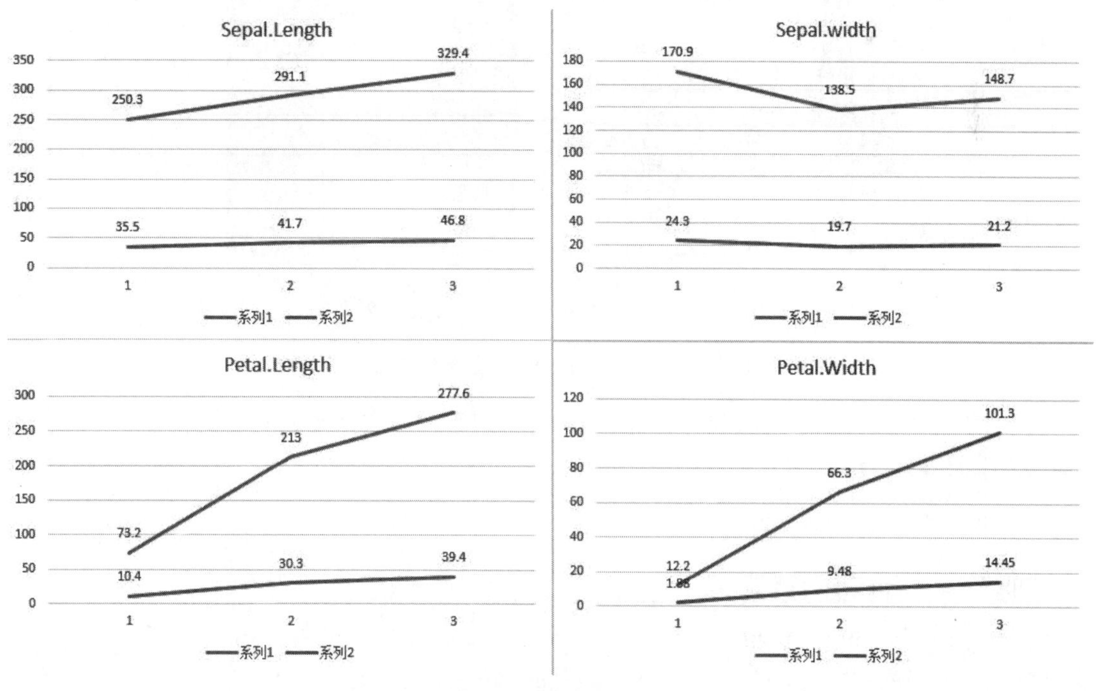

图 13-5　距离对比图

从图 13-5 中可以清晰地看到各个不同的特性距离的特点。对此而言，距离趋势不同，不同的特性距离侧重点也是不尽相同的，这一点在决策树创建时需要认真对待。这代表一份数据集中，不同的特征的特点不尽相同，数据分析不仅需要计算机知识，更需要业务知识。

13.2.3 去除重复项——相关系数的确定

在对一些数据问题的分析中，其数据的产生带有一定的相关性，例如某个地区供水量和用水量呈现出一个拟合度较好的线性关系（损耗忽略不计）。对它进行分析的时候，往往只需要分析一个变量即可。

本数据集也是如此，数据集中的萼片长、萼片宽、花瓣长、花瓣宽等数据项在分析中是否有重复性需要去除，可以通过计算这些数据项相互之间的相关系数做出分析。如果相关系数超过阈值，就可以认定这些数据项具有一定的相关性，从而可以在数据分析中作为额外项去除。

相关系数的比较可由图 13-6 表示。

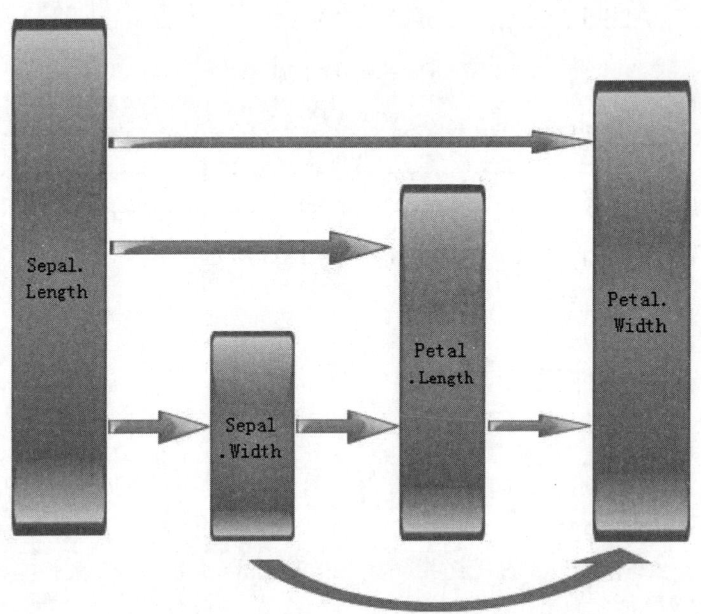

图 13-6 数据特性之间两两相关性测试

不同的特性之间需要计算其相关系数，从而得到不同的数据集之间的比较程度。相关系数计算如程序 13-4 所示。

代码位置：//SRC//C13//irisCorrect.scala

程序 13-4 计算相关系数

```
import org.apache.spark.ml.feature.VectorAssembler
import org.apache.spark.ml.linalg.{Matrix, Vector}
import org.apache.spark.ml.stat.{Correlation, Summarizer}
import org.apache.spark.sql.{Row, SparkSession}

object irisCorrect {
```

```
  def main(args: Array[String]): Unit = {
    val spark = SparkSession
      .builder                         //创建 Spark 会话
      .master("local")                 //设置本地模式
      .appName("irisCorrect")          //设置名称
      .getOrCreate()                   //创建会话变量

    //隐式转换
    import spark.implicits._
    import Summarizer._

    //读取数据，第一行为列名，并且设置了自动推断数据类型
    val data = spark.read.format("csv").option("header", 
"true").option("inferSchema", "true").load("./src/C13/iris.csv")

    //合并成 vector
    val assembler = new VectorAssembler()
      .setInputCols(Array("Sepal_Length","Sepal_Width"))
      .setOutputCol("features")
    val dataset = assembler.transform(data)

    //选取 setosa 的50条数据
    val setosa = dataset.where("Species = 'Iris-setosa'")

    //计算不同数据之间的相关系数
    val Row(coeff1: Matrix) = Correlation.corr(setosa, "features").head
    println(s"Pearson correlation matrix:\n $coeff1")
  }
}
```

提示：这里的数据 Array("Sepal_Length","Sepal_Width")分别为 iris 数据集中每一列的数据。读者可以自行提取验证不同数据。

这样同种类别植物不同的特性的数据集之间形成一个相关系数矩阵，参见表 13-8。

表 13-8 相同类别不同特征的相关系数——setosa

	Sepal.Length	Sepal.Width	Petal.Length	Petal.Width
Sepal.Length	1	0.74	0.26	0.28
Sepal.Width	0.74	1	0.18	0.28
Petal.Length	0.26	0.18	1	0.31
Petal.Width	0.28	0.28	0.28	1

从表 13-8 中可以看到，萼片长和萼片宽具有比较高的相关系数，而花瓣的长宽具有明显的不相关性。特别是萼片长和花瓣宽，以及萼片宽和花瓣宽之间具有相同的相关系数，在对此特征进行分析的时候可以按需进行处理。本次分析中为了尊重数据的完整性，对其不做处理。

在使用 Spark 3.0 进行相关系数计算的时候，ml.stat.Summarizer.Correlation 方法是默认的计算相关系数的方法。

提示：特征分析不是本案例分析的重点，在此不做过多的计算分析。我们建议读者采用这样的分析模式，对所有的种类数据进行一次分析处理，从而获得更多的相关性数据。

除了上文中对相同类别植物的不同特性进行相关性分析外，还可以对不同类别植物的相同特性进行分析，例如分析 setosa 和 versicolor 对应特性的相关性，这也不失为一种科学的研究方向，如程序 13-5 所示。

代码位置：//SRC//C13//irisCorrect2.scala

程序 13-5　对不同类别植物的相同特性进行分析

```
import org.apache.spark.ml.feature.VectorAssembler
import org.apache.spark.ml.linalg.Matrix
import org.apache.spark.ml.stat.{Correlation, Summarizer}
import org.apache.spark.sql.{Row, SparkSession}
import org.apache.spark.mllib.stat.Statistics

object irisCorrect2 {
  def main(args: Array[String]): Unit = {
    val spark = SparkSession
      .builder                          //创建 Spark 会话
      .master("local")                  //设置本地模式
      .appName("irisCorrect2")          //设置名称
      .getOrCreate()                    //创建会话变量

    //隐式转换
    import spark.implicits._
    import Summarizer._

    //读取数据，第一行为列名，并且设置了自动推断数据类型
    val data = spark.read.format("csv").option("header",
"true").option("inferSchema", "true").load("./src/C13/iris.csv")
    val dataset = data.select("Sepal_Length")

    //选取 setosa 的50条数据，并转换为 RDD 进行计算
    val setosa = dataset.where("Species =
'Iris-setosa'").rdd.map(x=>x.getDouble(0))
    val versicolor = dataset.where("Species =
'Iris-versicolor'").rdd.map(x=>x.getDouble(0))

    //计算不同数据之间的相关系数
    val correlation: Double = Statistics.corr(setosa, versicolor)
```

```
      //打印相关系数
      println("setosa 和 versicolor 中 Sepal.Length 的相关系数为: " + correlation)
    }
  }
```

打印结果如下：

```
setosa 和 versicolor 中 Sepal.Length 的相关系数为：-0.08084972701755869
```

不同种类的同种特性之间只有很低的相关性（小于 0.1），因此可以认定不同种类的同种特性不具有相关性。

同样，可以将其他不同种类的相同特性之间的数据做一个相关系数表，以便更清楚地查看这些相同特性之间相关系数的关系。

这里有一点需要特别注意，在计算相关系数时，采用的是皮尔逊相关系数计算法。除此之外，还有一种相关系数的计算方法，即斯皮尔曼相关系数计算方法。

采用斯皮尔曼相关系数计算法的相关系数计算程序如程序 13-6 所示。

代码位置：//SRC//C13//irisCorrect3.scala

程序 13-6　采用斯皮尔曼相关系数计算法

```
import org.apache.spark.ml.feature.VectorAssembler
import org.apache.spark.ml.linalg.Matrix
import org.apache.spark.ml.stat.{Correlation, Summarizer}
import org.apache.spark.sql.{Row, SparkSession}

object irisCorrect3 {
  def main(args: Array[String]): Unit = {
    val spark = SparkSession
      .builder                              //创建 Spark 会话
      .master("local")                      //设置本地模式
      .appName("irisCorrect3")              //设置名称
      .getOrCreate()                        //创建会话变量

    //隐式转换
    import spark.implicits._
    import Summarizer._

    //读取数据，第一行为列名，并且设置了自动推断数据类型
    val data = spark.read.format("csv").option("header",
"true").option("inferSchema", "true").load("./src/C13/iris.csv")

    //合并成 vector
    val assembler = new VectorAssembler()
      .setInputCols(Array("Sepal_Length","Sepal_Width"))
      .setOutputCol("features")
```

```
    val dataset = assembler.transform(data)
    //选取 setosa 的50条数据
    val setosa = dataset.where("Species = 'Iris-setosa'")

    //计算不同数据之间的相关系数 (spearman)
    val Row(coeff1: Matrix) = Correlation.corr(setosa,
"features","spearman").head
    println(s"Pearson correlation matrix:\n $coeff1")
  }
}
```

打印结果如下：

```
setosa 中 Sepal.Length 和 Sepal_Width 的相关系数为：0.7686085073729367
```

由此可见，采用不同的相关系数计算相同的数据，其计算结果也是不同的。

提示：对于同样的数据分析，可以采用任意的计算公式，但是对于同种分析测试，在选定计算公式后则需要保证公式使用的一致性。

以上方法是对数据集进行统计分析的常用方法，通过对数据集进行相关分析，可以很好地掌握数据的分布规律和趋势。掌握这些方法可以为下一步尝试不同的数据分析算法打下基础。

13.3 长与宽之间的关系——数据集的回归分析

在上一节中，对数据进行了基本统计量方面的分析，分别从微观角度对数据集内部进行分析计算，在宏观方面对不同的数据集进行分析，并且通过相关系数方法对可能含有重复的项目进行分析。

从本节开始，将对数据集进行进一步的分析，即综合运用机器学习中的回归方法对数据进行统计分析。此项分析可以对数据集的拟合程度和趋势做出相关研究。

13.3.1 使用线性回归分析长与宽之间的关系

线性回归作为一种统计分析方法，是回归分析的一个重要分支。它根据不同数值来确定两种或两种以上变量间相互依赖的定量关系，应用十分广泛。

上一节已经分析过萼片长和萼片宽呈现一定的相关性，可以说随着叶片宽度的增加，长度也呈现一定的变化。在本节的案例分析中，我们将要分析每种萼片长和萼片宽之间的关系。

对于两个或多个变量之间相互依赖关系的变化，回归分析是一种最好的解决方法。本节案例将首先使用线性回归对其进行模型的创建，之后再对数据进行验证。

准备好数据后，需要对数据进行规范化处理，此处涉及简单的字符串处理。完成之后的效果如图 13-7 所示。

数据位置：//DATA//D13//sepal.txt

```
5.1     3.5
4.9     3
4.7     3.2
4.6     3.1
5       3.6
5.4     3.9
4.6     3.4
5       3.4
4.4     2.9
4.9     3.1
5.4     3.7
4.8     3.4
4.8     3
4.3     3
5.8     4
5.7     4.4
5.4     3.9
5.1     3.5
5.7     3.8
5.1     3.8
5.4     3.4
```

图 13-7　处理好的数据

在图 13-7 中，第一列是 Sepal.Length（萼片长），第二列是 Sepal.Width（萼片宽），中间通过空格进行分割。

程序 13-7 演示了使用线性回归分析萼片长和宽之间的关系。

代码位置：//SRC//C13//irisLinearRegression.scala

程序 13-7　使用线性回归分析萼片长和宽

```
import org.apache.spark.mllib.linalg.Vectors
import org.apache.spark.mllib.regression.LabeledPoint
import org.apache.spark.mllib.regression.LinearRegressionWithSGD
import org.apache.spark.sql.{Row, SparkSession}

object irisLinearRegression {
  def main(args: Array[String]): Unit = {
    val spark = SparkSession
      .builder                              //创建 Spark 会话
      .master("local")                      //设置本地模式
      .appName("irisLinearRegression")      //设置名称
      .getOrCreate()                        //创建会话变量

    //隐式转换
    import spark.implicits._

    //读取数据，第一行为列名，并且设置了自动推断数据类型
```

```
    val data = spark.read.format("csv").option("header",
"true").option("inferSchema", "true").load("./src/C13/iris.csv")

    //转换数据格式
    val sepal = data.select($"Sepal_Length",$"Sepal_Width").map( {
      case Row(label: Double, features: Double) =>
        LabeledPoint(label, Vectors.dense(features))
    }).rdd.cache()

    //创建模型
    val model = LinearRegressionWithSGD.train(parsedData, 10,0.1)
    //打印回归公式
    println("回归公式为: y = " + model.weights + " * x + " + model.intercept)
  }
}
```

最终打印结果如下：

```
回归公式为: y = [1.4554575340910307] * x + 0.0
```

最终结果打印了一个系数约为 1.45 的回归方程。有兴趣的读者可以继续计算 MSE 值。最终的 MSE 值约为 0.138，较好地反映了线性回归的拟合程度。

提示： 这里我们只选择了一个种类的一个相近特性进行比较，有兴趣的读者可以自由选择配对，对不同的种类特征建立回归方程，也许可以发现一些未知的规律！

13.3.2 使用逻辑回归分析长与宽之间的关系

在上一小节中，我们使用线性回归对数据进行回归分析，计算了其均方误差，最后得出均方误差为 0.138 左右的数值。

对于回归分析来说，0.138 的精确度仍旧有些欠缺。因为在本案例中萼片长和萼片宽不存在绝对的线性比较关系，所以在对其进行回归分析的时候可以选择另外一种回归分析方法，即逻辑回归。因为逻辑回归做的是分类，所以在进行逻辑回归之前必须先转化一下标志列："Iris-setosa" =>0、"Iris-versicolor" =>1、"Iris-virginica" =>2，如程序 13-8 所示。

代码位置：//SRC//C13//irisClassificationConvert.scala

程序 13-8 转化成 Label 标志

```
import org.apache.spark.ml.stat.Summarizer
import org.apache.spark.sql.SparkSession

object irisClassificationConvert {
  def main(args: Array[String]): Unit = {
    val spark = SparkSession
      .builder                                    //创建 Spark 会话
```

```
      .master("local")                        //设置本地模式
      .appName("irisClassificationConvert") //设置名称
      .getOrCreate()                          //创建会话变量

    //隐式转换
    import spark.implicits._
    import Summarizer._

    //读取数据，第一行为列名，并且关闭了自动推断数据类型
    val data = spark.read.format("csv").option("header", "true").option
("inferSchema","false").load("./src/C13/iris.csv").map(row => {
      val label = row.getString(4) match {
        case "Iris-setosa" => 0
        case "Iris-versicolor" => 1
        case "Iris-virginica" => 2
      }
      (row.getString(0).toDouble,
        row.getString(1).toDouble,
        row.getString(2).toDouble,
        row.getString(3).toDouble,
        label)
    }).toDF("Sepal_Length", "Sepal_Width", "Petal_Length", "Petal_Width",
"label")

    data.printSchema()
    data.show(5)
  }
}
```

最终打印结果为：

```
root
 |-- Sepal_Length: double (nullable = false)
 |-- Sepal_Width: double (nullable = false)
 |-- Petal_Length: double (nullable = false)
 |-- Petal_Width: double (nullable = false)
 |-- label: integer (nullable = false)

+------------+-----------+------------+-----------+-----+
|Sepal_Length|Sepal_Width|Petal_Length|Petal_Width|label|
+------------+-----------+------------+-----------+-----+
|         5.1|        3.5|         1.4|        0.2|    0|
|         4.9|        3.0|         1.4|        0.2|    0|
|         4.7|        3.2|         1.3|        0.2|    0|
|         4.6|        3.1|         1.5|        0.2|    0|
|         5.0|        3.6|         1.4|        0.2|    0|
```

```
+-----------+----------+------------+----------+-----+
only showing top 5 rows
```

接下来我们来看程序 13-9。

代码位置：//SRC//C13//irisLogicRegression.scala

程序 13-9 逻辑回归

```
import org.apache.spark.ml.classification.LogisticRegression
import org.apache.spark.ml.feature.{LabeledPoint, VectorAssembler}
import org.apache.spark.ml.linalg.{Vector, Vectors}
import org.apache.spark.ml.stat.Summarizer
import org.apache.spark.sql.{Row, SparkSession}

object irisLogicRegression {
  def main(args: Array[String]): Unit = {
    val spark = SparkSession
      .builder                              //创建 Spark 会话
      .master("local")                      //设置本地模式
      .appName("irisLogicRegression")       //设置名称
      .getOrCreate()                        //创建会话变量

    //隐式转换
    import spark.implicits._
    import Summarizer._

    //读取数据，第一行为列名，并且关闭了自动推断数据类型
    val data = spark.read.format("csv").option("header",
"true").option("inferSchema", "false").load("./src/C13/iris.csv").map(row => {
      val label = row.getString(4) match {
        case "Iris-setosa" => 0
        case "Iris-versicolor" => 1
        case "Iris-virginica" => 2
      }
      (row.getString(0).toDouble,
        row.getString(1).toDouble,
        row.getString(2).toDouble,
        row.getString(3).toDouble,
        label)
    }).toDF("Sepal_Length",  "Sepal_Width",  "Petal_Length",  "Petal_Width",
"label")

    //合并成 vector
    val assembler = new VectorAssembler()
      .setInputCols(Array("Sepal_Length",   "Sepal_Width",   "Petal_Length",
```

```
"Petal_Width"))
        .setOutputCol("features")
      val dataset = assembler.transform(data)

      //转换成 LogisticRegression 的输入格式
      val trainDataRdd = dataset.select($"label", $"features").map {
        case Row(label: Int, features: Vector) =>
          LabeledPoint(label.toDouble, Vectors.dense(features.toArray))
      }

      val lr = new LogisticRegression()
        .setMaxIter(10)
        .setRegParam(0.3)
        .setElasticNetParam(0.8)

      //训练模型
      val lrModel = lr.fit(trainDataRdd)
      //打印逻辑回归的系数和截距
      println(s"Coefficients: \n${lrModel.coefficientMatrix}")
      println(s"Intercepts: \n${lrModel.interceptVector}")
    }
  }
```

提示：具体使用方法可直接参考前面讲逻辑回归的章节。但是，一定要注意逻辑回归不是回归算法，它是一种分类算法！

使用逻辑回归后，均方误差有所升高。究其原因可能是在本案例分析中。回归主要是以一元为主，而逻辑回归更胜于使用在多元线性回归的分析中。因此，可能造成使用逻辑回归后均方差升高。

回归分析方法被广泛地用于解释特性之间的相互依赖关系。把两个或两个以上定距或定比例的数量关系用函数形式表示出来，就是回归分析要解决的问题。回归分析是一种非常有用且灵活的分析方法，经过回归分析可以清楚地看到不同特性之间有一定的相互依赖性。这可能与植物的特性有关，毕竟同样的植物的生长规律具有一致性，感兴趣的读者可以自由地进行分析。

13.4 使用分类和聚类对鸢尾花数据集进行处理

对数据进行回归分析后，相信读者对鸢尾花数据的基本相关性已经有了比较充分的了解。本节我们将对其特性进行分类和聚类处理。

分类和聚类是数据挖掘中常用的处理方法，它根据不同数据距离的大小来决定所属的类别。本节案例分析将分别使用聚类和分类对鸢尾花数据进行处理，从而获得数据分析能力。

至于聚类和分类的区别，请读者回头复习一下分类与聚类章节的相关内容。

13.4.1 使用聚类分析对数据集进行聚类处理

聚类分析是无监督学习的一种，它通过机器处理自行研究算法去发现数据集的潜在关系，并将关系最相近的部分结合在一起，从而实现对数据的聚类处理。聚类分析的最大特点就是没有必然性，可能每次聚类处理的结果都不尽相同。

对鸢尾花进行数据聚类分析时，首先是对数据集的准备。这里可以直接使用鸢尾花数据集中的数据特征部分进行分析。本次聚类分析采用的数据集格式如图 13-8 所示。

数据位置：//DATA//D13//all.txt

```
5.1     3.5     1.4     0.2
4.9     3       1.4     0.2
4.7     3.2     1.3     0.2
4.6     3.1     1.5     0.2
5       3.6     1.4     0.2
5.4     3.9     1.7     0.4
4.6     3.4     1.4     0.3
5       3.4     1.5     0.2
4.4     2.9     1.4     0.2
4.9     3.1     1.5     0.1
5.4     3.7     1.5     0.2
4.8     3.4     1.6     0.2
4.8     3       1.4     0.1
4.3     3       1.1     0.1
```

图 13-8 鸢尾花数据集

图 13-8 是鸢尾花数据集中的 4 个特征参数，参数值之间通过空格进行分割，因为是聚类算法，所以这里不需要有标签位，即 Label 位。下面首先使用 K-means 算法对其进行聚类分析，如程序 13-10 所示。

代码位置：//SRC//C13//irisKmeans.scala

程序 13-10 使用 K-means 算法进行聚类分析

```
import org.apache.spark.ml.clustering.KMeans
import org.apache.spark.ml.feature.VectorAssembler
import org.apache.spark.ml.stat.Summarizer
import org.apache.spark.sql.SparkSession

object irisKmeans {
  def main(args: Array[String]): Unit = {
    val spark = SparkSession
      .builder                          //创建 Spark 会话
      .master("local")                  //设置本地模式
```

```
        .appName("irisClassificationConvert") //设置名称
        .getOrCreate()                        //创建会话变量

      //隐式转换
      import spark.implicits._
      import Summarizer._

      //读取数据，第一行为列名，并且关闭了自动推断数据类型
      val data = spark.read.format("csv").option("header",
"true").option("inferSchema", "false").load("./src/C13/iris.csv").map(row => {
        val label = row.getString(4) match {
          case "Iris-setosa" => 0
          case "Iris-versicolor" => 1
          case "Iris-virginica" => 2
        }
        (row.getString(0).toDouble,
          row.getString(1).toDouble,
          row.getString(2).toDouble,
          row.getString(3).toDouble,
          label)
      }).toDF("Sepal_Length", "Sepal_Width", "Petal_Length", "Petal_Width",
"label")

      //合并成 vector
      val assembler = new VectorAssembler()
        .setInputCols(Array("Sepal_Length", "Sepal_Width", "Petal_Length",
"Petal_Width"))
        .setOutputCol("features")
      val dataset = assembler.transform(data)
      val kmeans = new
KMeans().setFeaturesCol("features").setK(3).setMaxIter(20)
      val model = kmeans.fit(dataset)

      //展示结果
      println("Cluster Centers: ")
      model.clusterCenters.foreach(println)
    }
  }
```

通过设定分类数据，ML 自动对数据集进行分类，最终打印结果如下：

```
Cluster Centers:
[5.901612903225807,2.748387096774194,4.393548387096774,1.4338709677419355]
[5.005999999999999,3.4180000000000006,1.4640000000000002,0.2439999999999999
]
[6.85,3.0736842105263147,5.742105263157893,2.071052631578947]
```

最终打印了 3 个数据组，每个数据组中有 4 个数据，可以组成一个数据中心，通过距离和数量的设置即可形成一个数据分类结果。

除了 K-means 分类外，还可以使用高斯混合模型（Gaussian Mixture Model，GMM）来对数据进行聚类，聚类程序如程序 13-11 所示。

代码位置：//SRC//C13//irisGMG.scala

程序 13-11　使用高斯聚类器 GMM 对数据进行聚类

```
import org.apache.spark.ml.clustering.GaussianMixture
import org.apache.spark.ml.feature.VectorAssembler
import org.apache.spark.ml.stat.Summarizer
import org.apache.spark.sql.SparkSession

object irisGMG {
  def main(args: Array[String]): Unit = {
    val spark = SparkSession
      .builder                      //创建 Spark 会话
      .master("local")              //设置本地模式
      .appName("irisGMG")           //设置名称
      .getOrCreate()                //创建会话变量

    //隐式转换
    import spark.implicits._
    import Summarizer._

    //读取数据，第一行为列名，并且关闭了自动推断数据类型
    val data = spark.read.format("csv").option("header",
"true").option("inferSchema", "false").load("./src/C13/iris.csv").map(row => {
      val label = row.getString(4) match {
        case "Iris-setosa" => 0
        case "Iris-versicolor" => 1
        case "Iris-virginica" => 2
      }
      (row.getString(0).toDouble,
        row.getString(1).toDouble,
        row.getString(2).toDouble,
        row.getString(3).toDouble,
        label)
    }).toDF("Sepal_Length",  "Sepal_Width",  "Petal_Length",  "Petal_Width",
"label")

    //合并成 vector
    val assembler = new VectorAssembler()
      .setInputCols(Array("Sepal_Length",   "Sepal_Width",   "Petal_Length",
```

```
"Petal_Width"))
      .setOutputCol("features")
    val dataset = assembler.transform(data)

    //训练 Gaussian Mixture Model，并设置参数
    val gmm = new GaussianMixture().setFeaturesCol("features")
      .setK(3)
    val model = gmm.fit(dataset)

    //逐个打印单个模型
    for (i <- 0 until model.getK) {
      println(s"Gaussian $i:\nweight=${model.weights(i)}\n" +s"mu=${model.
gaussians(i).mean}\nsigma=\n${model.gaussians(i).cov}\n")
    }
  }
}
```

最终结果如下：

```
Gaussian 0:
weight=0.29865194800413936
mu=[5.914596312599926,2.7778094287560067,4.200689567729026,1.29663573701806
21]
sigma=
0.27532768238852096  0.0970509162486118   0.18457216330193743 0.05434077980875979
0.0970509162486118   0.09267267455448576  0.09119020551588383 0.04300510232666061
0.18457216330193743  0.09119020551588383  0.2003288727084586  0.06084946238944902
0.05434077980875979  0.04300510232666061  0.06084946238944902
                     0.031933130481730534

Gaussian 1:
weight=0.36801471866252444
mu=[6.543925647873313,2.948437697078733,5.478374755311136,1.983862350056176
5]
sigma=
0.38707377086350625  0.09221477983930906  0.30306513439105    0.06193957836645859
0.09221477983930906  0.11032344520574554  0.08442505819088311 0.05609364958782895
0.30306513439105     0.08442505819088311  0.32846367749584815 0.07508079610898487
0.06193957836645859  0.05609364958782895  0.07508079610898487 0.0860956308258908

Gaussian 2:
weight=0.3333333333333362
mu=[5.006000000000031,3.4179999999999953,1.4640000000000584,0.2440000000000
2267]
sigma=
```

```
0.12176400000001553 0.09829199999998003 0.015816000000131555 0.010336000000049441
0.09829199999998003 0.1422760000000028  0.011447999999974081 0.011207999999988569
0.015816000000131555 0.011447999999974081 0.029504000000283432 0.005584000000107379
0.010336000000049441 0.011207999999988569 0.005584000000107379 0.011264000000041675
```

从中可以看到，高斯分类器一样将数据集分成了 3 个部分，同时还打印出每个分类后的数据集所占的百分比。例如，第一个数据集所占的比重为 30%，第二个数据集为 37%，第三个数据集为 33%。这与实际情况有所区别，但是这是机器根据特性聚类的结果。

提示：多试试看，说不定会有惊人的新发现！

13.4.2 使用分类分析对数据集进行分类处理

聚类回归有助于发现新的未经证实和发现的东西，对于已经有所归类的数据集，其处理可能不会按固定的模式去做。因此，对其进行分析就需要使用另外一种数据的分类方法，即数据的分类。

首先是数据的准备。对于图 13-8 所示的数据，需要在前面加上分类的标号、使用标签列，并进行数据集的划分（划分为训练集和测试集），如图 13-9 所示。

数据位置：//DATA//D13//irisBayes.txt

```
1,5.1   3.5     1.4     0.2
1,4.9   3       1.4     0.2
1,4.7   3.2     1.3     0.2
1,4.6   3.1     1.5     0.2
1,5     3.6     1.4     0.2
1,5.4   3.9     1.7     0.4
1,4.6   3.4     1.4     0.3
1,5     3.4     1.5     0.2
1,4.4   2.9     1.4     0.2
```

图 13-9 带标号的数据集

对于分类器的使用，在前面的章节中已经简单介绍过。这里的分类器主要选择贝叶斯分类器，实现代码如程序 13-12 所示。

代码位置：//SRC//C13//irisBayes.scala

程序 13-12 选择贝叶斯分类器

```
import org.apache.spark.ml.classification.NaiveBayes
import org.apache.spark.ml.evaluation.MulticlassClassificationEvaluator
import org.apache.spark.ml.feature.{LabeledPoint, VectorAssembler}
import org.apache.spark.ml.linalg.{Vector, Vectors}
import org.apache.spark.ml.stat.Summarizer
import org.apache.spark.sql.{Row, SparkSession}

object irisBayes {
  def main(args: Array[String]): Unit = {
```

```
    val spark = SparkSession
      .builder                                  //创建 Spark 会话
      .master("local")                          //设置本地模式
      .appName("irisLogicRegression")           //设置名称
      .getOrCreate()                            //创建会话变量

    //隐式转换
    import spark.implicits._
    import Summarizer._

    //读取数据，第一行为列名，并且关闭了自动推断数据类型
    val data = spark.read.format("csv").option("header",
"true").option("inferSchema", "false").load("./src/C13/iris.csv").map(row => {
      val label = row.getString(4) match {
        case "Iris-setosa" => 0
        case "Iris-versicolor" => 1
        case "Iris-virginica" => 2
      }
      (row.getString(0).toDouble,
        row.getString(1).toDouble,
        row.getString(2).toDouble,
        row.getString(3).toDouble,
        label)
    }).toDF("Sepal_Length", "Sepal_Width", "Petal_Length", "Petal_Width",
"label")

    //合并成 vector
    val assembler = new VectorAssembler()
      .setInputCols(Array("Sepal_Length", "Sepal_Width", "Petal_Length",
"Petal_Width"))
      .setOutputCol("features")
    val dataset = assembler.transform(data)

    //转换成 NaiveBayes 的输入格式
    val trainDataRdd = dataset.select($"label", $"features").map {
      case Row(label: Int, features: Vector) =>
        LabeledPoint(label.toDouble, Vectors.dense(features.toArray))
    }

    //将数据分成训练集和测试集（30%用于测试）
    val Array(trainingData, testData) = trainDataRdd.randomSplit(Array(0.7,
0.3), seed = 1234L)

    //训练一个朴素贝叶斯模型
    val model = new NaiveBayes()
```

```
      .fit(trainingData)

    //选择要显示的示例行
    val predictions = model.transform(testData)
    predictions.show(1)

    //选择（预测，真标签）并计算测试集误差
    val evaluator = new MulticlassClassificationEvaluator()
      .setLabelCol("label")
      .setPredictionCol("prediction")
      .setMetricName("accuracy")
    val accuracy = evaluator.evaluate(predictions)
    println(s"Test set accuracy = $accuracy")
  }
}
```

最终打印结果如下：

```
测试数据准确率如下：
Test set accuracy = 0.9411764705882353
```

在程序 13-12 中，用 70%的数据作为训练集，使用贝叶斯分类器创建了一个对 30%数据测试集进行分类的鸢尾花数据分类器，并根据这个分类器对既有的数据进行测试。其中，测试结果比较符合真实的分类结果。

提示： 除了贝叶斯分类器，还有一种分类器叫支持向量机（SVM）。读者还可以自己尝试创建一个新的分类器。

13.5 最终的判定——决策树测试

在前面的章节中，笔者对鸢尾花数据进行了相关分析，分析了特性之间是否存在线性关系，并且使用聚类和分类对数据进行了处理。

根据这些数据的分析情况就可进行下一步的分析，即采用决策树对更多的数据进行判断，通过训练决策树使计算机在非人工干预的情况下对数据进行分类，并且可以直接打印出分类结果。

13.5.1 决定数据集归类的方法之一——决策树

决策树是一种常用的数据挖掘方法，用来研究特征数据的“信息熵”大小，从而确定在数据决策过程中哪些数据起决定作用。

首先是对数据进行处理。决策树的数据处理需要标注数据的类别，数据处理结果格式如

图 13-10 所示。

数据位置：//DATA//D13//irisDTree.txt

```
1 1:4.7 2:3.2 3:1.3 4:0.2
1 1:4.6 2:3.1 3:1.5 4:0.2
1 1:5.1 2:3.7 3:1.5 4:0.4
2 1:7 2:3.2 3:4.7 4:1.4
2 1:6.4 2:3.2 3:4.5 4:1.5
2 1:6.9 2:3.1 3:4.9 4:1.5
2 1:5.5 2:2.3 3:4 4:1.3
2 1:6.5 2:2.8 3:4.6 4:1.5
```

图 13-10　决策树数据准备

在上面的数据中，逗号前的数字是数据所属的类别。冒号前的数字指的是第几个特征数据，冒号后的数字是特征数值。

鸢尾花数据的决策树算法如程序 13-13 所示。

代码位置：//SRC//C13//irisDecisionTree.scala

程序 13-13　决策树算法

```
import org.apache.spark.ml.classification.{DecisionTreeClassificationModel, DecisionTreeClassifier}
import org.apache.spark.ml.evaluation.MulticlassClassificationEvaluator
import org.apache.spark.ml.feature.{LabeledPoint, VectorAssembler}
import org.apache.spark.ml.linalg.{Vector, Vectors}
import org.apache.spark.ml.stat.Summarizer
import org.apache.spark.sql.{Row, SparkSession}

object irisDecisionTree {
  def main(args: Array[String]): Unit = {
    val spark = SparkSession
      .builder                              //创建 Spark 会话
      .master("local")                      //设置本地模式
      .appName("irisDecisionTree")          //设置名称
      .getOrCreate()                        //创建会话变量

    //隐式转换
    import spark.implicits._
    import Summarizer._

    //读取数据，第一行为列名，并且关闭了自动推断数据类型
    val data = spark.read.format("csv").option("header", "true").option("inferSchema", "false").load("./src/C13/iris.csv").map(row => {
      val label = row.getString(4) match {
        case "Iris-setosa" => 0
```

```
        case "Iris-versicolor" => 1
        case "Iris-virginica" => 2
      }
      (row.getString(0).toDouble,
        row.getString(1).toDouble,
        row.getString(2).toDouble,
        row.getString(3).toDouble,
        label)
    }).toDF("Sepal_Length", "Sepal_Width", "Petal_Length", "Petal_Width",
"label")

    //合并成 vector
    val assembler = new VectorAssembler()
      .setInputCols(Array("Sepal_Length", "Sepal_Width", "Petal_Length",
"Petal_Width"))
      .setOutputCol("features")
    val dataset = assembler.transform(data)

    //转换成 DecisionTree 的输入格式
    val trainDataRdd = dataset.select($"label", $"features").map {
      case Row(label: Int, features: Vector) =>
        LabeledPoint(label.toDouble, Vectors.dense(features.toArray))
    }

    //将数据分成训练集和测试集（30%用于测试）
    val Array(trainingData, testData) = trainDataRdd.randomSplit(Array(0.7,
0.3), seed = 1234L)

    //建立一个决策树分类器
    val dt = new DecisionTreeClassifier()
      .setLabelCol("label")
      .setFeaturesCol("features")
      .setMaxBins(16)
      .setImpurity("entropy")

    //载入训练集数据正式训练模型
    val dtcModel: DecisionTreeClassificationModel = dt.fit(trainingData)
    //使用测试集作预测
    val predictions = dtcModel.transform(testData)
    //选择一些样例进行显示
    predictions.show(5)
```

```
    //计算测试误差
    val evaluator = new MulticlassClassificationEvaluator()
      .setLabelCol("label")
      .setPredictionCol("prediction")
      .setMetricName("accuracy")
    val accuracy = evaluator.evaluate(predictions)
    println(s"Test Error = ${(1.0 - accuracy)}")
  }
}
```

最终打印结果为：

```
+-----+-----------------+-------------+------------+----------+
|label|         features| rawPrediction|  probability|prediction|
+-----+-----------------+-------------+------------+----------+
|  0.0|[4.3,3.0,1.1,0.1]|[36.0,0.0,0.0]|[1.0,0.0,0.0]|       0.0|
|  0.0|[4.4,2.9,1.4,0.2]|[36.0,0.0,0.0]|[1.0,0.0,0.0]|       0.0|
|  0.0|[4.5,2.3,1.3,0.3]|[36.0,0.0,0.0]|[1.0,0.0,0.0]|       0.0|
|  0.0|[5.0,3.2,1.2,0.2]|[36.0,0.0,0.0]|[1.0,0.0,0.0]|       0.0|
|  0.0|[5.0,3.4,1.6,0.4]|[36.0,0.0,0.0]|[1.0,0.0,0.0]|       0.0|
+-----+-----------------+-------------+------------+----------+
only showing top 5 rows

Test Error = 0.039215686274509776
```

从中可以看到，决策树可以对输入的数据进行判定，并且打印其所属的归类，对于其他方法来说是一个重大进步。它使得决策程序在完全没有人工干扰的情况下，自主地对数据进行分类，极大地方便了大数据的决策与分类的自动化处理。

也可以使用决策树的管道把所有的步骤串起来，为了统一，这里分步进行。最终结果中 Test Error = 0.039215686274509776，说明效果不错。

13.5.2 决定数据集归类的方法之二——随机森林

随机森林的原理在前面章节中已经介绍过，这里不做过多的阐述。

当数据量较大的时候，随机森林是一个能够充分利用分布式集群的决策树算法。随机森林进行归类的代码实现如程序 13-14 所示。

代码位置：//SRC//C13//irisRFDTree.scala

程序 13-14 随机森林进行归类

```
  import org.apache.spark.ml.classification.{RandomForestClassificationModel,
RandomForestClassifier}
  import org.apache.spark.ml.evaluation.MulticlassClassificationEvaluator
```

```
import org.apache.spark.ml.feature.{LabeledPoint, VectorAssembler}
import org.apache.spark.ml.linalg.{Vector, Vectors}
import org.apache.spark.ml.stat.Summarizer
import org.apache.spark.sql.{Row, SparkSession}

object irisRFDTree {
  def main(args: Array[String]): Unit = {
    val spark = SparkSession
      .builder                          //创建 Spark 会话
      .master("local")                  //设置本地模式
      .appName("irisRFDTree")           //设置名称
      .getOrCreate()                    //创建会话变量

    //隐式转换
    import spark.implicits._
    import Summarizer._

    //读取数据，第一行为列名，并且关闭了自动推断数据类型
    val         data         =         spark.read.format("csv").option("header",
"true").option("inferSchema", "false").load("./src/C13/iris.csv").map(row => {
      val label = row.getString(4) match {
        case "Iris-setosa" => 0
        case "Iris-versicolor" => 1
        case "Iris-virginica" => 2
      }
      (row.getString(0).toDouble,
        row.getString(1).toDouble,
        row.getString(2).toDouble,
        row.getString(3).toDouble,
        label)
    }).toDF("Sepal_Length",  "Sepal_Width",  "Petal_Length",  "Petal_Width",
"label")

    //合并成 vector
    val assembler = new VectorAssembler()
      .setInputCols(Array("Sepal_Length",   "Sepal_Width",   "Petal_Length",
"Petal_Width"))
      .setOutputCol("features")
    val dataset = assembler.transform(data)

    //转换成随机森林的输入格式
    val trainDataRdd = dataset.select($"label", $"features").map {
```

```
      case Row(label: Int, features: Vector) =>
        LabeledPoint(label.toDouble, Vectors.dense(features.toArray))
      }

    //将数据分成训练集和测试集（30%用于测试）
    val Array(trainingData, testData) = trainDataRdd.randomSplit(Array(0.7,
0.3), seed = 1234L)

    //建立一个决策树分类器，并设置森林中含有10棵树，这里采用 gini 系数效果更好
    val rf = new RandomForestClassifier()
      .setLabelCol("label")
      .setFeaturesCol("features")
      .setNumTrees(10)
      .setMaxBins(16)
      .setImpurity("gini")

    //载入训练集数据正式训练模型
    val dtcModel: RandomForestClassificationModel = rf.fit(trainingData)
    //使用测试集作预测
    val predictions = dtcModel.transform(testData)
    //选择一些样例进行显示
    predictions.show(5)

    //计算测试误差
    val evaluator = new MulticlassClassificationEvaluator()
      .setLabelCol("label")
      .setPredictionCol("prediction")
      .setMetricName("accuracy")
    val accuracy = evaluator.evaluate(predictions)
    println(s"Test Error = ${(1.0 - accuracy)}")
  }
}
```

打印结果请读者自行完成。

13.6 小　结

作为全书的收尾，本章也是最为重要的一章。可以说，通过 Spark 3.0 版本的 ML 机器学习库学习的目的，就是为了能够使用其中的工具和算法对大数据进行机器学习分析处理。

本章通过分析鸢尾花数据集，系统地学习了如何对数据进行挖掘、如何分析数据集包含的

内容，然后依次从宏观和微观方面对数据进行分析，并且使用多种回归算法分析了数据之间的依赖程度，根据依赖程度的大小对重复的数据项进行去除，从而减少待分析数据。

对数据集的归类可以使用聚类和分类算法进行处理，其区别在于数据是否有既定的归属。有既定归属和分类的条件下，使用分类算法是较好的一个选择，而聚类更容易发现没有既定归属的数据集，这对于探索性科学研究有极大的帮助。

鸢尾花数据集分析案例是数据分析与挖掘的经典例子。在实际的工作中，读者可能会遇到更多要求数据分析和挖掘的案例，综合运用多种手段去发现数据所蕴含的价值，去发现“金山”中蕴含的宝藏，这也是我们数据分析与挖掘工作者的目的。

最后，希望本书能够为读者带来一个全新的数据分析和挖掘技术的应用启示。